Beck-Wirtschaftsberater

China Knigge

Business und Interkulturelle Kommunikation

von Edith Diekmann
und Jieyan Fang

Deutscher Taschenbuch Verlag

Im Internet:

dtv.de

beck.de

Originalausgabe
Deutscher Taschenbuch Verlag GmbH & Co. KG,
Friedrichstraße 1a, 80801 München
© 2008. Redaktionelle Verantwortung: Verlag C.H. Beck oHG
Druck und Bindung: Druckerei C.H. Beck, Nördlingen
(Adresse der Druckerei: Wilhelmstraße 9, 80801 München)
Satz und Grafiküberarbeitung:
Hoffmann's Text Office, München
Umschlaggestaltung: Agentur 42 (Fuhr & Partner), Mainz
ISBN 978-3-423-50915-2 (dtv)
ISBN 978-3-406-56495-6 (C.H. Beck)

Vorwort

„Nicht ohne Bangigkeit stand ich an der Pforte
des ungeheuren Reiches,
dessen Erforschung durch einen Einzelnen
ein verwegenes Unternehmen schien."
(*Ferdinand von Richthofen*, 1833–1905,
Forschungsreisender in China)

Eine Mischung aus Furcht und Faszination: So wie Herrn von Richthofen mag es den meisten Asien-Forschern ergangen sein, die vor oder nach ihm von Europa in Richtung Osten aufgebrochen sind, um das „Mysterium China" zu entschlüsseln. Nicht alle Weltenbummler hatten dabei friedfertige Absichten. Neben den Touristen im Stile Marco Polos oder den Diplomaten und Handelsvertretern gab es solche, die in kriegerischer Mission unterwegs waren.

Sie alle hatten ihren Anteil daran, welches China-Bild uns übermittelt wurde und welche Vorstellung von westlicher Zivilisation im Reich der Mitte haften blieb. Die Eindrücke jener Begegnungen und der Austausch geistiger und kultureller Güter sind seit Jahrhunderten Bestandteil der wechselhaften Beziehungsgeschichte zwischen Europa und China.

In der Zwischenzeit hat China nach Phasen der Abschottung vom Weltbetrieb seine Isolation verlassen und positioniert sich neu im Gefüge der Welt- und Wirtschaftsmächte. Wie aber hat sich seither das Verständnis der Gesellschaften im interkulturellen Kontext entwickelt?

Das Geschäftstreiben entlang der Seidenstrasse droht heutzutage nicht mehr an Plünderung oder Krankheit zu scheitern; die Fallen auf den neuzeitlichen Handelswegen tragen andere Namen: Vorurteile und Überheblichkeit, Defizite in interkultureller Kompetenz und fehlendes Wissen im Hinblick auf die Denkstrukturen und Wertevorstellungen eines anderen Kulturkreises. Mit diesen verschiedenen Aspekten von Verständnislosigkeit, ihren Ursachen und ihrer Überwindung beschäftigt sich der vorliegende Ratgeber. Die Frage, wie umfassend China seine Führungsrolle auf dem Weltmarkt ausbauen wird, ist hochaktuell und wird auch in nächster Zukunft nichts an ihrer Aktualität einbüßen.

„Adler trifft Drache":

Ganz gleich, ob Sie sich als Mitarbeiter eines Wirtschaftsunternehmens, als Kulturschaffender oder einfach nur als interessierter Laie mit dem Reich der Mitte auseinandersetzen: Mit einer umfangreichen Einarbeitung in das Thema „Interkulturelle Kommunikation" können Sie der oben beschriebenen Bangigkeit einen guten Schritt entgegentreten.

Interkulturalität ist Voraussetzung für das Verständnis andersartiger Denk- und Wahrnehmungsmuster. Und sie ist erlernbar: der China-Knigge leistet bei diesem Prozess Anregung und Hilfestellung; wie interkulturelle Kompetenz im China-Business praktisch umzusetzen ist, erläutern wir anhand detaillierter Hinweise zu den Business Codes.

Ein zentrales Kapitel widmen wir den philosophischen Grundbegriffen, die für das Verständnis beider Gesellschaften und Kulturformen von großer Bedeutung sind. Erst im Kontext von Philosophie, Kommunikation und Sprache wird deutlich, wo die Ursachen kulturspezifischer Phänomene liegen. Wir behelfen uns dabei der einfachen Gegenüberstellung dieser Begriffe nach europäischer Auffassung auf der einen Seite und der chinesischen auf der anderen.

Es geht dabei nicht um Verdrängen eigener Wahrnehmungsstrukturen, sondern um ein Neu-Ausrichten unseres stark ausgeprägten europafixierten Blickwinkels. Sich der eigenen Wertvorstellungen wieder einmal bewusst werden ... vielleicht drängen ja Wissensdurst oder kritisches Hinterfragen den einen oder anderen Interessierten zum Bücherregal ... wie war das noch? Damals in der Antike, als unsere Philosophie geboren wurde? Die Griechen, die Römer? Konfuzius? Wir sind der Meinung:

„Das Entscheidende am Wissen ist, dass man es beherzigt und anwendet." *(Konfuzius)*

P.S.: Dass interkulturelle Kommunikation effizient und erfolgreich wirken kann, belegt die Existenz dieses Buches: ein authen-
tisches Zeugnis deutsch-chinesischer Kooperation!

Eine unterhaltsame und gleichermaßen aufschlussreiche Lek-
türe wünschen Ihnen

Köln, im September 2007   *Edith Diekmann*
                                              Jieyan Fang

In eigener Sache ...

Das Phänomen der Verständigung und Auseinandersetzung mit „dem Fremden" hat mich schon sehr früh persönlich beschäftigt. Dann wurde aus dem privaten Interesse eine berufliche Aufgabe. Ich hatte das Glück, über viele Jahre andere Denkweisen studieren und miterleben zu können. Es gibt Mentalitäten, die der europäischen in vielen Bereichen sehr ähnlich sind, wie zum Beispiel die südamerikanische Kultur. Andere hingegen, wie die arabische, üben aufgrund ihrer konträren Andersartigkeit einen hohen Reiz aus. Und zu guter Letzt die asiatischen Wertvorstellungen, die für einen abendländisch denkenden und fühlenden Menschen oft nur schwer nachzuvollziehen sind.

An ein besonderes Erlebnis zum Thema interkulturelle Verständigung erinnere ich mich immer wieder gerne: der Besuch von Herrn Shiochiro Toyoda (der Kronprinz des Toyota-Imperiums) anlässlich der Vorstellung des japanischen Beitrages zur Weltausstellung EXPO 2000 in Hannover.

Als Protokollreferentin war es meine Aufgabe, den Aufenthalts Mister Toyodas nach den Regeln der japanischen Etikette vorzubereiten. Gemeinsam mit dem Fachreferenten der EXPO und einem Großaufgebot an Toyota-Mitarbeitern aus den deutschen Filialen erwarteten wir die Ankunft eines so genannten VIPs: Mister Toyoda hatte noch vor Anflug auf Hannover mit US-Präsident Clinton ein Arbeitsfrühstück absolviert. Der Gast entsteigt seinem Privatjet, man begrüßt sich nach Art der japanischen Rumpfbeuge, hält Abstand, dezente Mimik und Gestik bestimmen das Bild.

Nach dem Abschluss der Präsentation bringt eine Stretchlimousine unseren hochrangigen Gast zurück zu seinem Flugzeug. Auch zum Abschied, so scheint es, beugen wir uns dem japanischen Protokoll – im wahren Sinne des Wortes!

Kaum hat Herr Toyoda die Gangway betreten, hält er einen Moment inne, dreht um, bewegt sich mit festem Schritt auf uns zu und bittet um Verabschiedung nach westlicher Art: mit kräftigem Händeschütteln und intensivem Blickkontakt. Den japanischen Begleitern steht die Verblüffung ins Gesicht geschrieben, Herr Toyoda lässt zwei überraschte und hoch erfreute Expo-Mitarbeiter an der Rollbahn zurück. Eine kleine Geste, die ein hohes Maß an interkultureller Kompetenz verrät: das Herbeiführen von Harmonie zwischen nicht harmonisierenden Denkweisen, das Gesicht wahren aller Beteiligten ohne Leugnen der eigenen Wertvorstellungen.

Edith Diekmann

„Einmal sehen ist besser als hundertmal hören",

so lautet ein chinesisches Sprichwort. So ist es mir ergangen, als ich, eine Chinesin, zum ersten Mal nach Deutschland kam.

Ich konnte nicht glauben, dass es hier einen Zeitplan für Busse, Straßenbahn oder die U-Bahn gibt … und dass diese Pläne wirklich zu 100 % (oder besser: 99 %) eingehalten werden! In den meisten Städten in China gibt es keine verbindlichen Fahrpläne für den öffentlichen Transport. Ich habe mich auch gewundert über die Tatsache, dass Naseputzen in Deutschland in aller Öffentlichkeit erledigt wird. Wir in China vermeiden es, dieses Geräusch in der Gegenwart anderer Leute zu verursachen, es wäre nicht höflich. Oder aber: Ich habe Deutsche gesehen, die Geschirr und Besteck von Hand waschen, aber dabei sehr viel Spülmittel benutzen und dieses nicht restlos vom Geschirr entfernen; das würden wir in China nicht machen, denn Spülmittel – so meinen wir – ist giftig. Und wo wir schon in der Küche sind: Warum essen Deutsche Eisbergsalat roh, ohne ihn zu kochen oder zu dünsten? Warum isst man hier rohe Champions? Eine Scheibe Brot mit gehacktem, rohem Fleisch und ein bisschen Salz darauf? Sie sehen, da gab und gibt es eine Menge Fragezeichen für mich.

Und ich denke, Ihnen werden in China auch viele Dinge begegnen, die Sie nicht verstehen können. Mit diesem Buch möchte ich Ihnen helfen, mein Land, seine Traditionen und seine Denk-gewohnheiten besser zu sehen und verstehen zu lernen.

Gleichzeitig möchte ich einigen Menschen danken, die mir mit ihren wertvollen Tipps und Hinweisen eine große Hilfe beim Ent-stehen dieses Buches waren: das sind meine Eltern sowie Herr Shao Peng, Frau Dr. Jennette Vollmer und Herr Günter Hoff-mann.

Jieyan Fang

Inhaltsverzeichnis

1. Interkulturelle Kommunikation und Kultur

1.1 Interkulturelle Kommunikation

1.1.1 Einführung

Wir leben in einer globalisierten Welt. Globalisierung bezeichnet den Vorgang der fortschreitenden internationalen Verflechtung in allen Lebensbereichen, auf allen Märkten. Die globale Vernetzung betrifft die Wirtschaft und Politik ebenso wie Kultur und Kommunikation. Sie erstreckt sich auf die weltweiten Beziehungen zwischen Individuen, Institutionen und Staaten. Zu ihren Auslösern zählen technologische Umbrüche wie die so genannte „digitale Revolution" zum Ende des vorangegangenen Jahrtausends oder aber politische Entscheidungen wie die Liberalisierung des Welthandels. Als sozialwissenschaftliches Phänomen existiert der Begriff der Globalisierung bereits seit den 60er Jahren, seine wirtschaftspolitische Komponente und deren Auswirkungen lassen sich in Deutschland erst seit den 90er Jahren öffentlich verfolgen.

Der Wandel von der klassischen Industriegesellschaft zur Informationsgesellschaft birgt Konsequenzen für nahezu alle Bereiche unseres Alltags. Mit einer dieser Konsequenzen, nämlich dem Bedarf an intensiver interkultureller Kommunikation, wollen wir uns in den folgenden Abschnitten eingehender beschäftigen.

Die entscheidenden Stichworte sind in der Überschrift gefallen: International. Kultur. Kommunikation. Kein Problem, sagen Sie. Der Familienwagen vom französischen Hersteller, für mediterrane Speisen zum Lieblingsitaliener, warme Käsebrötchen vom Fastfood-Giganten. Wie es scheint, können wir zwischen Karlsruhe und Kapstadt ein internationales Süppchen löffeln, die Globalisierung sorgt scheinbar für das Angleichen oder gar Verschwinden von Unterschieden zwischen den Kulturen. Wenn nun im Zuge der Globalisierung diese Unterschiede zunehmend verschwinden, warum sich überhaupt mit interkulturellen Fragen befassen, wo sich doch eine einheitliche Kultur – die amerikanische – herausgebildet hat. Doch was wir beobachten können, ist nicht das Verschwinden der lokalen Kultur. Vielmehr handelt es sich um eine Veränderung der Verhaltensweisen im Rahmen der Kultur.

Hierzu ein Beispiel: In China ist die Familie die Keimzelle der Gesellschaft. Das Essen findet zum großen Teil im Familienverband statt und erfüllt eine soziale Funktion innerhalb der Familienstruktur. In den USA ist die soziale Funktion des Essens dagegen nicht kulturell verankert. Das Essen findet vielfach alleine oder nur mit der unmittelbaren Familie statt. Wenn nun die Amerikaner mit Vorliebe „chinesisch" essen, so bezieht sich dies nur auf die Speise selber – nicht jedoch auf den Umgang mit dem Essen bzw. die sozio-kulturelle Funktion des Essens. Umgekehrt kann man sonntags in Shanghai chinesische Großfamilien bei McDonald's beobachten. Das Essen wird somit zwar jeweils in die eigene kulturelle Umgebung eingebunden, jedoch völlig unterschiedlich interpretiert.

Ortswechsel: Eine Baustelle irgendwo in der arabischen Wüste. Der deutsche Projektleiter erwartet den termingetreuen Einsatz seines internationalen Teams. Der saudische Fachingenieur erscheint nicht zum vereinbarten Zeitpunkt. Ein Familienmitglied musste ins Krankenhaus. Warum hält er sich nicht an Vereinbarungen?

Abendland und Morgenland: Der eine hat monatelang das Projekt vorbereitet, Ablaufpläne erstellt, Meetings abgehalten, hat Druck ausgehalten und Druck delegiert, er will und muss, um wirtschaftlichen Schaden abzuwenden, die Dinge vor Ort zu Ende bringen und seinen Dienstvertrag erfüllen. Er trägt Personalverantwortung, kennt Sachzwänge, Disziplin, Fleiß und Pünktlichkeit.

Der andere lebt in einer familienbezogenen Kultur, in der zudem der Zeitbegriff wesentlich von dem des Abendlandes differiert. Geschäfte sind wichtig, die Arbeit auch, aber die Familie ist wichtiger. Denn nur in ihr und mit ihr ist die Existenz erfüllt. Einem Familienmitglied nicht zu helfen, wäre Sünde.

Zwei Beispiele, eine Botschaft:

- Trotz aller gelebten Internationalität bestehen eklatante Verständigungsschwierigkeiten zwischen den Kulturkreisen;
- interkulturelle Kommunikation mehr ist als das Sprechen von Fremdsprachen;
- nur vordergründig erschweren unterschiedliche – vor allem wirtschaftliche – Interessenlagen den Dialog zwischen den Kulturen; das Konfliktpotenzial verbirgt sich auf tiefer gelegenen Kommunikationsebenen.

Das Begreifen und Identifizieren anderer Denkweisen erfordert eine intensive Auseinandersetzung mit den Definitionen und Dimensionen von Kultur. Die unterschiedliche Bewertung von Verhaltensweisen in verschiedenen Kulturen ist Ursache für tief greifende Missverständnisse; interkulturelle Kommunikation (engl.: Cross-Cultural Communication) beschäftigt sich mit der Vermittlung zwischen diesen Kulturräumen und ihren Werten.

Interkulturelle Kommunikation als interdisziplinäre Wissenschaft beschäftigt Experten unterschiedlicher Fachgebiete wie Soziologen, Anthropologen, Philosophen, Psychologen oder Kulturwissenschaftler. Welche weit reichenden Konsequenzen vor allem der wirtschaftswissenschaftliche – da geldwerte – Aspekt von IK haben kann, zeigen Untersuchungen über das Scheitern von Unternehmensfusionen oder Geschäftsbeziehungen wegen Nichtbeachtung interkultureller Differenzen. Gleiches gilt natürlich auch für die Bewältigung internationaler politischer Krisen, denen häufig die Unvereinbarkeit von religiösen oder ethnischen Standpunkten zugrunde liegt. Gesellschaftlich relevant ist die IK Forschung auf dem Gebiet der Bildungspolitik, der Migration oder dem multikulturellem Zusammenleben. Nicht zuletzt ist das Problemfeld interkultureller Interaktion ein Wirtschaftsgut und lässt sich aufgrund verstärkter Nachfrage in der Praxis gut vermarkten.

1.1.2 Schlüsselbegriffe

Mit fortschreitender Globalisierung kooperieren immer mehr Menschen mit Angehörigen fremder Kulturen und agieren in interkulturellen Überschneidungssituationen, in denen unterschiedliche Denk- und Verhaltensweisen aufeinander treffen.

Interkulturelle Zusammenarbeit beschränkt sich nicht allein auf die Führungsebenen, auch beschäftigte Mitarbeiter stehen mit Angehörigen fremder Kulturen in Kontakt: bei Messeauftritten, beim Arbeiten in multikulturellen Teams oder in internationalen Gremien. Mittelständische Unternehmen sind aufgrund des internationalen Wettbewerbs immer häufiger gezwungen, ihre Strategie entsprechend auszurichten.

Viele grenzüberschreitende Aktivitäten aber scheitern: ökonomische Vorteile, guter Wille und beidseitige Offenheit reichen nicht mehr aus, um eine erfolgreiche Zusammenarbeit auf internationaler Ebene sicher zu stellen. Neben technischen und wirtschaftlichen Kenntnissen erfordert die Kommunikation und Kooperation mit Menschen anderer Kulturen weitere Kenntnisse und Fähigkeiten, über die Mitarbeiter auf Grund ihrer beruflichen Ausbildung oftmals nicht oder nur unzureichend verfügen: Wir sprechen von Interkultureller Kompetenz. Was genau verbirgt sich hinter diesem Begriff?

Interkulturelle Kompetenz

Eine in letzter Zeit häufig gebrauchte Vokabel, die vor allem in Stellenausschreibungen des internationalen Managements gewählt wird. Über welche Fähigkeit sollten Sie also verfügen, wenn Sie sich auf diese Position bewerben oder Ihr Chef Sie auf die Reise schicken möchte?

Vor allem sollten Sie ein ganzes Bündel persönlicher Eigenschaften und Befähigungen Ihr Eigen nennen. Man erwartet von Ihnen, dass Sie bei der Zusammenarbeit mit dem anderen Kulturkreis die spezifischen Konzepte im Denken, Fühlen und Handeln wahrnehmen und diese für einen erfolgreichen Dialog umsetzen können. Erfolgreich sein bedeutet dabei ein zufrieden stellendes Ergebnis für beide Seiten zu erzielen.

Sie sollten einen vorurteilsfreien Umgang pflegen, bereit sein, Neues dazu zu lernen und Ambivalenz tolerieren können. Sie identifizieren sprachliche Barrieren, sind sich der Ich-Bezogenheit des eigenen Kulturkreises bewusst. Sie hören aufmerksam zu, sind einfühlsam, wägen ab, harmonisieren, lösen Konflikte produktiv und kreativ auf. Sie verfügen über ein gesundes Selbstbewusstsein, denn natürlich ist auch der eigene Standpunkt zu vertreten. Sie haben langjährige Erfahrungen im internationalen oder bilateralen Umgang mit Menschen. Sie kennen eigene Stärken und Schwächen, sind emotional stabil. Sie wissen die unterschiedlichen Verhaltensweisen als eine der Interpretationsmöglichkeiten von Kultur zu deuten; Sie haben erfahren, dass Kommunizieren nicht immer gleichzusetzen ist mit Verstehen, weil Sender und Empfänger in verschiedenen Werteräumen „übersetzen".

Ein kleiner Begriff, eine lange Erläuterung. Wenn wir uns aber vor Augen führen, dass gerade Deutschland als Exportweltmeister und in hohem Masse auch vom Import abhängige Nation der Interkulturalität Rechnung tragen muss, dann sollten auch die Ansprüche an das Personal im Top-Management entsprechend hoch sein.

Interkulturelle Kompetenz lässt sich dabei nicht auf eine einzelne Fähigkeit reduzieren, sondern ist als Zusammenwirken von Teilkompetenzen zu verstehen:

• **Ambiguitätstoleranz:** Fähigkeit, das Spannungsverhältnis zwischen Gegensätzen und Mehrdeutigkeiten aushalten zu können, ohne handlungsunfähig zu werden oder unangemessen zu reagieren. Sie erlaubt, auch in unstrukturierten Situationen effektiv zu handeln.

• **Dissensbewusstsein:** Ein voreiliger oder zwanghaft herbeigeführter Konsens wirkt langfristig negativ, weil er (kulturelle) Unterschiede nur verdeckt, aber nicht beseitigt. Unterschiedliche Positionen und Standpunkte bewusst zu halten, ist wichtig, um eine Akzeptanz aller Beteiligten herbeiführen zu können.

• **Empathie:** Fähigkeit, sich in verschiedene Rollen, Denkmuster, Standpunkte und Aufgaben einzudenken und einen Perspektivenwechsel vorzunehmen. Sie ermöglicht, sich in die Denk- und Erlebniswelt anderer Menschen einzufühlen, Situationen mit anderen Augen zu sehen und so deren Beweggründe und Motive zu verstehen.

- **Flexibilität:** Bereitschaft, Neues zu lernen und seine eigenen Denk- und Verhaltensschemata zu korrigieren; Fähigkeit, sich auf ungewohnte Situationen schnell einstellen zu können.

- **Fremdsprachenkenntnis:** Da Sprache und Kultur sich gegenseitig bedingen, trägt die Kenntnis der jeweiligen Fremdsprache wesentlich zum Verständnis der Kultur bei.

- **Kommunikationsfähigkeit:** Fähigkeit, aktiv auf andere zuzugehen und Kommunikationsnetzwerke aufbauen zu können, statt sich zurückzuziehen.

- **Kommunikationssteuerung:** Fähigkeit, Kommunikationsschwierigkeiten durch aktive Steuerung vorzubeugen und zu beheben (beispielsweise durch Erfragen von Hinweisen in Bezug auf angemessene Vorgehensweisen, aktive Suche nach Feedback, Zusammenfassung der Beiträge der Beteiligten); Fähigkeit, Moderator- oder Mittlerrolle auszuüben.

- **Kulturwissen** ... dazu kommen wir später! Wissen über Denk- und Verhaltensweisen auf der Basis von Werten und Normen der fremden Kultur und über Unterschiede und Gemeinsamkeiten im Vergleich zur eigenen Kultur.

- **Unvoreingenommenheit und interkulturelle Lernbereitschaft:** Bereitschaft, sich der fremden Kultur gegenüber aufgeschlossen und interessiert zu zeigen und bereit zu sein, unvertrauten Denk- und Verhaltensweisen vorurteilsfrei zu begegnen; Interkulturelle Situationen als Lernsituation und nicht als Bedrohung oder notwendiges Übel zu betrachten. Dies sollte verknüpft sein mit einer Neugierde auf Fremdes.

- **Polyzentrismus:** Als Gegenteil von Ethnozentrismus Fähigkeit, interkulturelle Handlungsmuster nicht vor dem Hintergrund der eigenkulturellen Erfahrungen zu interpretieren; Anerkennung der Eigenständigkeit anderer Kulturen; Bereitschaft, kulturspezifische Wertungen zu relativieren.

- **Synergiebewusstsein:** Bereitschaft, an bestehenden Strukturen nicht festhalten zu wollen, sondern prozessorientiert zu handeln und die Entstehung von qualitativ Neuem, das weder für die eine noch die andere Kultur „typisch" ist, zu fördern. Setzt Flexibilität voraus.

• **Toleranz:** Eng verknüpft mit Empathie: Bereitschaft, Überschreitungen von Akzeptanzgrenzen seitens anderer zunächst aus deren Perspektive zu verstehen und zu erklären suchen.

• **Und zu guter Letzt – Zielorientierung:** Fähigkeit, auch unter erschwerten Bedingungen zielstrebig auf die Erreichung der gestellten Aufgaben hinzuarbeiten. Die Hoffnung auf Erfolg überwiegt gegenüber der Furcht vor Misserfolg.

1.1.3 Kommunikations- und Erfahrungsprozess

Bei näherer Betrachtung der aufgeführten Kompetenzen wird deutlich, dass allein das Wissen um sowie die Sensibilität und das Verständnis für andere Verhaltensweisen und Denkmuster nicht ausreichen: Sie müssen gepaart sein mit dem Selbstvertrauen und der Fähigkeit, den eigenen Standpunkt transparent zu vermitteln, verstanden und respektiert zu werden. Es geht somit um ein Ausloten größtmöglicher Toleranzräume. Es ist notwendig, die Souveränität der ausländischen Partner anzuerkennen und zu respektieren, in der Lage zu sein, Unvereinbarkeiten zu erkennen und anzusprechen, seine eigene Position zu erklären und die fremde zu verstehen.

Bei der Thematisierung kultureller Unterschiede als Konfliktpotenzial wird darüber hinaus oft vergessen, dass diese auch erhebliche Chancen beinhalten können. So eröffnet interkulturelle Zusammenarbeit die Möglichkeit, neue Arbeits- und Organisationsformen, Vorgehens- und Sichtweisen sowie neues Knowhow in ein Unternehmen zu bringen. Synergien durch den Zugang zu komplementären Stärken können zusätzliche Wettbewerbsvorteile schaffen.

Grundvoraussetzung zum Ausschöpfen interkultureller Synergien ist die Bereitschaft zum Erkennen und konstruktiven Verknüpfen der kulturspezifischen Stärken der einzelnen Mitarbeiter. Die bloße Suche nach kulturellen Gemeinsamkeiten im Sinne des kleinsten gemeinsamen Nenners und ein Verdrängen der Unterschiede erweist sich als ebenso falsch wie eine ausschließliche Fixierung auf die Unterschiede. Vielmehr sind Organisation, Aufgaben, Prozesse und Führung gezielt so zu gestalten, dass möglichst viele Mitarbeiter ihre Stärken einbringen können, ohne ihre kulturelle Identität zu verlieren.

Interkulturelle Kompetenz ermöglicht es, Anlaufschwierigkeiten, Einarbeitungszeiten, Missverständnisse und Fehler in der interkulturellen Zusammenarbeit zu reduzieren und dient somit zur Sicherung und Verbesserung der weltweiten Konkurrenzfähigkeit eines Unternehmens. Da Kultur nicht angeboren, sondern erlernt ist, kann interkulturelle Kompetenz auch gelehrt und trainiert werden. Je mehr Wissen über eine Kultur vorhanden ist, desto wahrscheinlicher ist eine erhöhte Sensibilität für die Eigenheiten und Besonderheiten dieser Kultur sowie eine Veränderung der persönlichen Einstellung gegenüber dem bisher Fremden.

1.2 Kultur

1.2.1 Einführung

Die kleinen Beispiele aus unserer Erläuterung zum Thema „Interkulturelle Kommunikation" machen die Vielschichtigkeit von Kultur deutlich: So sind äußerlich beobachtbare Verhaltensweisen offenbar nur eine Interpretation der darunter liegenden Werte und Normen. Was also ist Kultur?

Ein weiter, vielschichtiger Begriff, dessen Definitionen je nach Blickwinkel und Interpretation des Betrachters divergieren können. In der Kulturwissenschaft wird „Kultur" seit langem nicht mehr nur mit Tradition, Geisteskultur und Bildung gleichgesetzt, sondern auf die Praxis menschlichen Denkens und Handelns nach bestimmten Regeln erweitert. Kultur drückt somit die Gesamtheit der Gewohnheiten einer Gruppe oder Gesellschaft aus und definiert mit diesen Merkmalen gleichzeitig die Unterscheidung zu anderen Gruppen.

Geert Hofstede,* der das Phänomen Kultur im Umfeld von in-

---

* Hofstede, Geert (geb. 1928 in Haarlem/Niederlande): Experte für Kulturwissenschaften; sein Forschungsschwerpunkt: die Theorie der Interkulturellen Kommunikation.

terkultureller Kommunikation erforscht hat, argumentiert wie folgt: „Kultur kann als die kollektive Programmierung des Geistes, welche die Mitglieder einer Gruppe oder Kategorie von Menschen von einer anderen unterscheidet, interpretiert werden und im Rahmen der Sozialisation bewusst oder unbewusst von jeder Generation neu erlernt und verinnerlicht werden. Kultur ist ein Orientierungssystem, welches innerhalb einer Gruppe eine reibungslose und effektive Interaktion, Kommunikation und Kooperation erlaubt. Neben dieser orientierenden, Sinn gebenden und Identität stiftenden Funktion grenzt Kultur die Mitglieder einer Gruppe zugleich von anderen sozialen Gruppen ab." Mentale Programmierung? Abbildung 1 verdeutlicht Hofstedes Ausführungen.

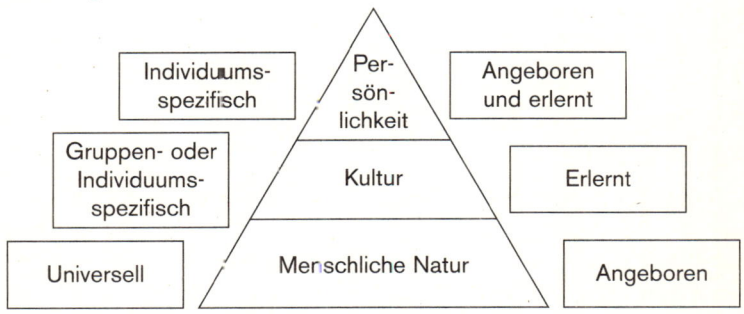

Abb. 1: Kultur und Interkulturelle Kommunikation

Die „menschliche Natur" als unterste Ebene umfasst all das, was allen Menschen gemeinsam und damit universell ist. Neben der physischen gehört dazu auch in Ansätzen die psychische Funktionsweise wie beispielsweise die Fähigkeit, Gefühle zu empfinden. Wie jeder einzelne mit diesen Gefühlen umgeht und wie er sie ausdrückt, wird jedoch durch die Kultur bestimmt und ist im Gegensatz zur menschlichen Natur nicht angeboren sondern erlernt.

Damit sind wir bei der zweiten Ebene angelangt: „Kultur" stellt die gruppen- oder kategorienspezifische Ebene der mentalen Programmierung dar und ist von der menschlichen Natur einerseits und von der Persönlichkeit eines Menschen zu unterscheiden.

Die „Persönlichkeit" eines Individuums ist demgegenüber seine einzigartige – persönliche – Kombination mentaler Programme, die es mit keinem anderen Individuum teilt und die teilweise angeboren, teilweise erlernt ist.

Blickt man nun aus seiner eigenen mentalen Programmierung auf eine fremde Kultur, dann lässt sich diese Wahrnehmung gut mit dem Eisbergmodell beschreiben: Das, was für uns sichtbar, verständlich und zugänglich ist, umfasst nur einen kleinen Teil des Gesamtwerks. Hierbei handelt es sich überwiegend um Äußerungen der anderen Kultur wie Symbole oder Rituale. Symbole sind direkt wahrnehmbare Objekte einer Kultur wie zum Beispiel Sprache, Nahrungsmittel oder Kunst. Rituale sind ebenfalls wahrnehmbare, kollektive Tätigkeiten, die in einem Kulturkreis oft nur um ihrer selbst willen ausgeübt werden und deren Nutzen und Funktion für Außenstehende nicht immer offensichtlich sind: Wir haben diesen Thema mit Blick auf China daher im Fortlauf des Buches ein ganzes Kapitel gewidmet!

Im unsichtbaren Teil des Eisbergs verbergen sich dagegen die Werte und Normen, die das menschliche Denken und Handeln in einer Kultur bestimmen und die ihrerseits auf Grundannahmen basieren. Werte reflektieren die – auch gefühlsgeprägten – Auffassungen einer Kultur und machen positive oder negative Aussagen. Sie beschreiben die Ziele, die eine Gesellschaft für erstrebenswert oder wünschenswert erachtet, und sie vermitteln uns, was wir tun *sollten*. Werte sind innerhalb einer kulturellen Gruppe relativ konstant und wir bemerken sie kaum: Wir haben gelernt, mit ihnen umzugehen, ohne sie vielleicht zu hinterfragen … „weil es einfach so ist". Wir beurteilen auch andere Menschen anhand dieser Werte und interpretieren ihr Verhalten als Ausdruck der darunter liegenden Werte. Dagegen sagen Normen aus, wie wir uns in konkreten Situationen zu verhalten haben. Normen stellen Verhaltensregeln dar, die die Durchführung der Werte im Alltag garantieren. Wir unterscheiden explizite Normen wie Rauchverbot oder Verkehrsvorschriften und implizite Normen, die nicht formalisiert oder schriftlich fixiert sind, so zum Beispiel Kleidervorschriften. Derjenige, der gegen die Normen verstößt, wird von der Gesellschaft darauf aufmerksam gemacht. Die Bedeutung vieler Werte, Normen und Institutionen lässt aus den fundamentalen Antworten einer Kultur auf die elementaren Überlebensfragen herleiten.

Das Ziel interkultureller Verständigung sollte es nun also sein, nicht mit dem Eisberg zu kollidieren, sondern Gemeinsamkeiten und Unterschiede so in Begriffe fassen zu können, dass wir auf die Begegnung mit anderen Kulturen besser vorbereitet sind. Ein Hilfsmittel, dessen wir uns dabei bedienen können, sind die so genannten **Kulturdimensionen** nach Geert Hofstede. Sie wurden entwickelt, um Parameter für die Vergleichbarkeit zwischen Kulturen und Gesellschaften formulieren zu können. Sie geben darüber hinaus wertvolle Hinweise auf den Zusammenhang von nationalen Kulturen und ihren spezifischen Verhaltensweisen in Business und Unternehmensstrukturen. Kulturdimensionen stellen somit ein Referenzsystem für das komplexe Phänomen Kultur dar. Sie ermöglichen, die eigene Kultur auf Grund des Vergleichs mit anderen Kulturen bewusst zu reflektieren und damit die Gebundenheit des Denkens und Verhaltens an die eigene Kultur sowie die Relativität des eigenen kulturellen Rahmens zu erkennen.

1.2.2 Kulturdimensionen

Hofstede interpretiert fünf große Dimensionen in seiner Forschung:

(1) Machtdistanz: Sie beschreibt, wie groß das Maß an Bereitschaft einer Gesellschaft ist, ungleiche Machtverteilung hinzunehmen bzw. zu erwarten; welchen Respekt hat diese Kultur vor ihren Autoritäten?

(2) Individualismus – Kollektivismus: Sie bemisst den Integrationsgrad von Individuen in Gruppen. In individualistischen Gesellschaften sind die Bindungen zwischen Individuen locker. Man erwartet von jedem, dass er für sich selber und seine unmittelbare Familie sorgt. Dagegen ist der Mensch in kollektivistischen Gesellschaften von Geburt an in starke, geschlossene Wir-Gruppen integriert, die ihn ein Leben lang schützen und dafür Loyalität verlangen.

(3) Maskulinität – Feminität: Sie beschreibt die Vorstellungen des Individuums von Maskulinität und Feminität. In maskulinen Gesellschaften sind die Rollen der Geschlechter klar gegeneinander abgegrenzt: Männer haben bestimmt, hart und materiell orientiert zu sein; Frauen sollten bescheidener, sensibler sein und Wert auf Lebensqualität legen. In femininen Gesellschaften überschneiden sich die Rollen der Geschlechter: sowohl Frauen als auch Männer sollten bescheiden und feinfühlig sein und Wert auf Lebensqualität legen. Wie ist es mit der Gleichberechtigung bestellt?

(4) Unsicherheitsvermeidung – Risikobereitschaft: Wie hoch ist die Bereitschaft einer Gesellschaft, Risiken einzugehen und ohne Sicherheit zu leben? Wie hoch ist das Bedürfnis nach Vorhersagbarkeit und nach geschriebenen und ungeschriebenen Regeln?

(5) Lang- oder kurzfristige Orientierung: Wie groß ist der Planungshorizont einer Gesellschaft?

Sind die Überschneidungen zweier Kulturen in den aufgeführten Dimensionen eher gering, ist das Fremdheitserleben umso ausgeprägter. Bei leichter Ausprägung können Neugier- und Annäherungsverhalten entstehen, bei starker Ausprägung Angst, Verunsicherung und Ablehnung. Natürlich zeigen nicht alle Mitglieder einer Kultur alle identischen Ausprägungen der jeweiligen Dimension. Es gibt ihn nicht, *den* Chinesen! Oder *den* Deutschen!

Was die Ausprägungen der Kulturdimensionen im Einzelnen aussagen können, dass wollen wir mit dem folgenden Überblick an dreien von ihnen erörtern:

Wie äußern sich geringe oder große **Machtdistanz** einer Kultur in den allgemeinen Normen, oder konkret in der Familie, am Arbeitsplatz oder in den Staatsstrukturen?

In Gesellschaften mit großer Machtdistanz geht man bei den allgemeinen Normen davon aus, dass die Ungleichheit zwischen Menschen erwartet und erwünscht ist, der soziale Status soll nur eingeschränkt ausgeglichen werden. Statusunterschiede sind groß und naturgegeben. Auf Familienebene erwartet man Respekt gegenüber den Eltern und älteren Verwandten. Respekt ist eine Tugend, der man lebenslang nachkommen soll. Am Arbeitsplatz gelten strikt hierarchische Strukturen; sie sind Spiegelbild einer natürlichen Ungleichheit zwischen oberer und unterer Schicht. Innerhalb einer Hierarchie sind große Gehaltsunterschiede auszumachen. Führungskräfte verlassen sich auf ihre Vorgesetzten und auf formale Vorschriften; die Mitarbeiter erwarten Anweisungen von der Führungsebene. Für staatliche Strukturen gelten Normen wie: Macht geht vor Recht. Wer die Macht hat, ist legitimiert dazu und ist gut. Macht stützt sich dabei auch auf Tradition und Familie und den Einsatz von Machtpotenzial.

Gesellschaften mit geringer Machtdistanz sind gekennzeichnet durch geringe Ungleichheit unter den Menschen. Mit den sozialen Beziehungen soll man sorgsam umgehen, zwischen den weniger mächtigen und mächtigen Menschen besteht ein gewisser Grad von Abhängigkeit. Innerhalb der Familie behandeln Kinder ihre Eltern und älteren Verwandten wie ihresgleichen. Der Arbeitsplatz zeigt möglicherweise auch hierarchische Strukturen, die aus praktischen Erwägungen eingeführt wurden. Führungskräfte verlassen sich auf die eigene Erfahrung und die ihrer Mitarbeiter. Die Mitarbeiter erwarten sogar, in Entscheidungen mit einbezogen zu werden. Auf staatlicher Ebene beruht Macht auf der Position, dem Fachwissen und der Gabe, andere zu belohnen. Alle haben die gleichen Rechte. Der Einsatz von Macht muss legitimiert sein und den Kriterien von Gut und Böse folgen. Die Regierungen sind überwiegend pluralistisch, es existiert ein Mehrheitswahlsystem.

Ob eine Kultur **kollektivistische oder individualistische** Züge trägt, ob sich also ihre Mitglieder stark an der sozialen Gruppe orientieren, der sie angehören, oder ob die Betonung auf dem Individuum und seinen Bedürfnissen liegt, lässt sich an den folgenden Kriterien feststellen:

In der kollektivistischen Gesellschaft werden Menschen in Großfamilien oder andere Wir-Gruppen hineingeboren; diese Beziehung beruht auf Gegenseitigkeit: man wird sich auch später noch beschützen und die Treue halten. Harmonie ist ein wichtiger Faktor: sie sollte stets gewahrt und Auseinandersetzungen gemieden werden. Verfehlungen führen zu Schamgefühlen und Gesichtsverlust für denjenigen, der sie begeht und für die Gruppe. Ziel von Erziehung und Bildung ist zu lernen, wie man etwas macht. Arbeitnehmer sind Mitglieder von Wir-Gruppen, die die Interessen ihrer Wir-Gruppe verfolgen. Die Beziehung Arbeitgeber-Arbeitnehmer ist grundsätzlich moralischer Art, etwa wie eine familiäre Bindung. Unternehmen befinden sich im Familienbesitz oder sind Genossenschaftsbetriebe.

Die Beziehung genießt Priorität gegenüber der Aufgabe. Meinungen sind durch die Zugehörigkeit zur Gruppe vorherbestimmt. Das Privatleben wird von der Gruppe beherrscht. Gleichheitsideologien dominieren vor Ideologien individueller Freiheit. Harmonie und Einigkeit in der Gesellschaft sind große angestrebte Ziele.

In einer individualistisch geprägten Kultur wachsen Menschen in dem Bewusstsein auf, sich nur um sich und um die unmittelbare Familie kümmern zu müssen. Es zählt zu den Merkmalen eines ehrlichen Menschen zu sagen, was er denkt. Verfehlungen führen zu Schuldgefühlen und zum Verlust der Selbstachtung. Arbeitnehmer gelten als Wirtschaftsmenschen, die die Interessen des Arbeitgebers verfolgen, wenn sie mit ihren eigenen übereinstimmen. Die Beziehung zwischen Arbeitgeber und Arbeitnehmer besteht aus einem Schriftstück zwischen den Vertragsparteien. Die Aufgabe genießt auf jeden Fall Priorität gegenüber der Beziehung. Jeder kann seine Meinung vertreten und hat das Recht auf seine Privatsphäre. Ideologien individueller Freiheit dominieren vor Gleichheitsideologien. Das Ziel ist die individuelle Selbstverwirklichung.

In **langzeitorientierten Kulturen** zählt die Ausdauer, die nicht nachlassende Anstrengung beim Erreichen von Ergebnissen. Gegebenheiten werden respektiert, persönliche Anpassungsfähigkeit ist gefragt. Man erklärt sich bereit, einem Zweck zu dienen. In der Wirtschaft steht die Marktposition eines Unternehmens im Mittelpunkt. Man legt Wert auf den Gewinn, den man in zehn Jahren erwartet. Es gilt die lebenslange Investition in ein Netzwerk (China!), die Sparquote ist hoch, es stehen Mittel für Investitionen zur Verfügung. Für den Aspekt Philosophie und Religion gilt: Materie und Geist sind eins. Wenn A wahr ist, dann kann auch das Gegenteil B ebenfalls wahr sein. Der gesunde Menschenverstand genießt Priorität.

Die kurzzeitorientierte Gesellschaft sucht nach schnellen Ergebnissen, die man durch eine einzige Anstrengung erreichen kann. Man respektiert Traditionen, die persönliche Stabilität ist wichtig, ebenso soziale und Statusverpflichtungen. Zu den Hauptwerten am Arbeitsplatz gehören Freiheit, Rechte, Leistung und selbständiges Denken. Die Bilanz steht im Mittelpunkt wirtschaftlichen Handelns. Persönliche Treuepflichten richten sich nach den Bedürfnissen, die das Geschäft mit sich bringt. Auf philosophischem Terrain gilt die Trennung von Materie und Geist. Man folgt einer strikten Logik: Wenn A wahr ist, dann muss das Gegenteil B falsch sein. Abstrakte Rationalität genießt Priorität.

Vielleicht machen Sie sich selbst ein Bild und versuchen anhand der oben geschilderten Kriterien die deutsche und chinesische Kultur an die entsprechende Stelle in das Raster einzubinden? Bei den Dimensionen Langzeitorientierung und Kollektivismus ist die Antwort sicher eindeutig!

1.3 Kommunikationsebenen

Wie lässt sich nun das Wissen über kulturelle Gemeinsamkeiten und Unterschiede des Kulturdimensionen-Modells konkret in Situationen interkultureller Interaktion umsetzen? Da jedes Verhalten zwischen Menschen kommunikativen Charakter hat, stellt sich die Frage nach adäquaten Kommunikationsverhalten zwischen den Kulturen.

Kommunikationsprozesse vollziehen sich nicht nur im Sinne des Informationsaustauschs. Vielmehr bieten sie die Grundlage für zwischenmenschliche Beziehungen. Das Besondere einer Kultur, also das, was eine Kultur charakterisiert und was sie von anderen unterscheidet, ist im Wesentlichen ein Produkt von Kommunikationsprozessen. Wir definieren Kommunikation als einen hochkomplexen Prozess, bei dem ein Sender eine Botschaft in einem bestimmten Code verschlüsselt und sie über einen Kommunikationskanal sendet, um einen Empfänger zu erreichen, der sie entschlüsselt und bei dem sie eine Wirkung erzeugt. Kommunikation ist folglich nur dann effektiv, wenn die Prozesse der Umwandlung der Botschaft auf Sender- und Empfängerebene kompatibel sind. Nur so erreicht den Empfänger die Botschaft, die der Sender übermitteln wollte. Stammen Sender und Empfänger aus unterschiedlichen Kulturen, handelt es sich um interkulturelle Kommunikation. Da Codes erlernt und damit kulturspezifisch sind, ist das Codieren und Decodieren im interkulturellen Austausch erschwert.

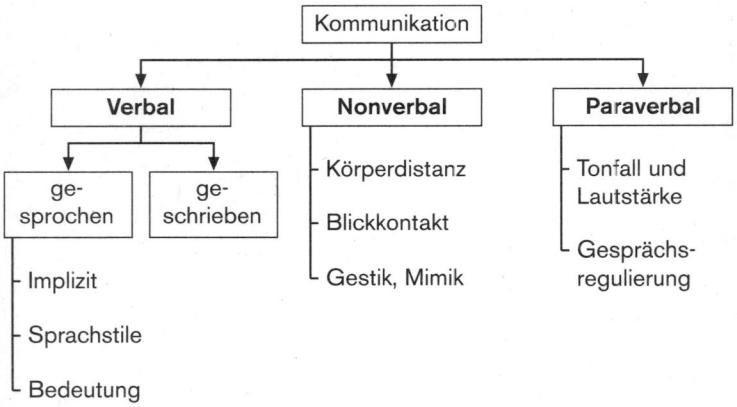

Abb. 2: Kommunikationsebenen

Verbal – nonverbal?

Es wird so viel geredet … und trotzdem: Kommunikation findet größtenteils auf nonverbaler und paraverbaler (Tonfall und Lautstärke) Ebene statt, d. h. die Wirkung einer Botschaft beruht überwiegend auf Körpersprache und Mimik, danach auf der Art und Weise, wie die Worte gesprochen werden. Kulturspezifische Besonderheiten können neben diesen Kommunikationsebenen die Direktheit der Aussagen sowie das Verhältnis von Inhalts- und Beziehungsebene betreffen. Im Falle Chinas kommt hinzu, dass die chinesische Sprache und Schrift eine völlig andere Struktur aufweisen. Genauso wie das einzelne Wort oder

	Deutschland	China
Kulturelle Dimension	Individualismus; Schuldkultur: man ist seinem Gewissen verpflichtet	Kollektivismus; Schamkultur: man ist seinem Gesicht verpflichtet
Mittelpunkt der Kommunikation	Die Sache: das Projekt oder der Auftrag, Problem, Produkt etc.	Die Person (Kunde, Lieferant, Mitarbeiter) und die Beziehungen
Gesprächsziel	Sache oder Problem klären! Ansporn zu Leistung; Konflikt offen austragen	Beziehung aufbauen (Vertrauen und Wohlwollen), stabilisieren und vertiefen; Harmonie und Diplomatie
Sprache	Direkt, offen, sachbezogen	Höflichkeitsfloskeln, indirekt, ritualisiert
Gestik, Mimik	Vitalität, Offenheit; Individualität; man verleiht den Gefühlen Ausdruck, lacht, gestikuliert; Ausdrucksschwaches Verhalten wird als Hemmung interpretiert	Gestik und Mimik werden sparsam eingesetzt; hohes Maß an Selbstkontrolle und -beherrschung; Ausdrucksstarkes Verhalten gilt als unreif oder aggressiv
Blickkontakt	Direkter Blickkontakt schafft Vertrauen	Indirekt; Blickkontakt generiert Unsicherheit
Tonfall und Lautstärke	Starke Betonung des Sprechenden verleiht Autorität und Überzeugungskraft; offenes Feedback durch Zuhörer	Wenig modulierte Sprachform; Schwerpunkt auf Wohlklang; Zuhörer schweigen respektvoll
Gesprächsregulierung	Rasche Wortwechsel	Häufig längere Pausen
Kommunikationsstil	Expressiv, dynamisch	Verhalten, abwartend

Abb. 3: Deutschland und China: die Unterschiede im Kommunikationsstil

Symbol, so ist auch der einzelne Mensch in der chinesischen Gesellschaft für sich allein genommen nichts: Erst im Kontext seiner Beziehungen und Bindungen, seiner Familie oder seines Arbeitsumfeldes erlangt er seine Wertigkeit. Diese Betonung des Personenfokus im Gegensatz zum Sachfokus des westlichen Individualismus durchzieht den chinesischen Kommunikationsstil wie ein roter Faden.

Um kulturbedingte Fehlwahrnehmungen und -interpretationen im Kommunikationsprozess zu vermeiden, sollten generell folgende drei Hinweise beachtet werden:

- Verständnis für den anderen zeigen, indem man sich gedanklich in die Position des anderen versetzt und versucht, in dessen Erfahrungs- und Wertesystem zu denken.
- Aktiv zuhören, indem man sich verbal, non- und paraverbal freundlich, offen und gesprächsbereit gegenüber seinem Gesprächspartner zeigt.
- Feedback des Gegenübers einholen, indem man die Wahrnehmung und Interpretation des Verhaltens des Gesprächspartners nachfragt.

2. Philosophie

2.1 Einführung

In den vorangehenden Kapiteln haben wir mit Erläuterungen zu den Begriffen „Kultur" und „Kommunikation" zwei der Faktoren beschrieben, die zu den Ursachen deutsch-chinesischer Verständigungsschwierigkeiten zählen. In dem nun folgenden Teil beschäftigen wir uns mit dem Herzstück in Sachen Dialog der Kulturkreise: dem Vergleich zwischen westlicher und östlicher Philosophie oder besser gesagt, der Wiege unserer jeweiligen Geistestraditionen. Dabei haben wir aus Gründen der besseren Lesbarkeit den Begriff aus der abendländischen Antike gewählt ... **Philosophie**. Ein analog übersetzter Ausdruck existiert in der chinesischen Sprache nicht, das philosophische Tun hingegen schon; nur wird es in vielen Einzelbegriffen dargestellt, die unterschiedliche Ansätze in Denkweise und Geisteshaltung wiedergeben.

Wie soll die Verständigung zweier Kulturkreise harmonisch funktionieren, wenn ihre Philosophien auf differierenden oder sogar kontrastierenden Grundbegriffen aufbauen? Wenn „Gerechtigkeit" oder „Freiheit" oder „Seele" auf der einen Seite und „Natur" oder „Etikette" oder „Harmonie" auf der anderen Seite nicht in die jeweils andere Wertvorstellung übersetzt werden können? Diesen und anderen Fragen werden wir nachgehen und untersuchen, wann und warum die unterschiedlichen Denkmuster geprägt wurden und welchen Einfluss sie bis heute auf Alltags- und Geschäftskultur haben. Zur Einstimmung in die Begriffswelten von Philosophie kommentieren drei Klassiker westlicher und östlicher Geistesgeschichte, worum es in ihrem Fachgebiet geht:

„Der Klügste ist der, der weiß, was er nicht weiß."
Sokrates
„Denken und Sein werden vom Widerspruch bestimmt."
Aristoteles

„Alle Dinge haben Zeiten des Vorangehens und Zeiten des Folgens, Zeiten des Flammens und Zeiten des Erkaltens, Zeiten der Kraft und Zeiten der Schwäche, Zeiten des Gewinnens und Zeiten des Verlierens. Deshalb meidet der Weise Übertreibungen, Maßlosigkeit und Überheblichkeit."

Laotse

2.2 Abendländische Philosophie

2.2.1 Überblick

Ganz gleich, ob Sie für das Schulfach „Ethik und Geistesgeschichte" Begeisterung gezeigt haben oder ob Sie über den Sinn des Lebens lieber am Stammtisch diskutieren: das Erfragen und Forschen ist ein Urbedürfnis des Menschen; entsprechend vielfältig präsentieren sich die Aspekte, die uns bei der Deutung der Welt und unserer Existenz immer wieder beschäftigen. So werden in der Philosophie diejenigen Sachverhalte behandelt, die mit Hilfe der anderen bekannten Einzelwissenschaften (wie z. B. den Naturwissenschaften) nicht erklärt werden können: Begriffe wie Wahrheit, Gerechtigkeit, Gut und Böse, Weisheit oder Erkenntnis sind nur einige der großen Themen, die im Laufe der Philosophiegeschichte aufgegriffen wurden; je nach Epoche verändern sich natürlich Blickwinkel und Gegenstand der Diskussion. Die Bandbreite philosophischen Gedankenguts seit der Antike über die Aufklärung bis hin zur Postmoderne lassen wir im folgenden Zusammenfassung Revue passieren:

Die Geburtsstunde der europäischen Geistesgeschichte wird auf das 6. Jahrhundert v. Chr. datiert, als man im antiken Griechenland begann, die damaligen Erklärungsmodelle der Welt – die so genannten Mythen – durch systematisches, wissenschaftlich strukturiertes Denken zu ersetzen. Die irrationalen Überlieferungen der Vorzeit hatten ausgedient; sie waren einfach nicht mehr kompatibel mit den vorherrschenden Lebensumständen und den kulturellen Fortschritten. Das geistige Klima hatte sich verändert; die politische, gesellschaftliche und kulturelle Wirklichkeit verlangte nach kritischem Hinterfragen herkömmlicher Traditionen und einem rationalen Einordnen von Erkenntnissen und Wahrheiten in ein anderes Denkmuster: eben dem **Streben nach Weisheit, der Philosophie**. Das radikale In-Frage-Stellen auf der Basis von Argumentation und Vernunft ist zugleich ihr besonderes Kennzeichen. Die Methoden, derer sie sich in ihren Erklärungsmodellen bedient, entstammen der Mathematik und den verwandten Naturwissenschaften. Ihr Geburtsort, der griechische Stadtstaat, sorgt entscheidend dafür, dass sie aus einer offenen, demokratischen Gesellschaft in den sie umgebenden Kulturraum einfließen wird. Welch glückliche Fügung, dass etwa zur gleichen Zeit der Mensch in der Lage ist, Erkenntnisse und Ereignisse auf Papier niederzuschreiben und somit der gesicherten Verbreitung fortschrittlichen Gedankentums einen kräftigen Anschub liefert.

Für den Fall, dass die Schulzeit schon ein paar Tage zurückliegt ... hier ein paar Fakten und Schlüsselbegriffe der abendländischen Philosophie:

Der Begriff des Philosophen und der Philosophie stammt vom griechischen Denker Pythagoras und ersetzt das alte Wort „Sophist", was man auch mit „weiser Mann" übersetzen kann. Diese Männer waren wichtige Akteure in der Entwicklung der Demokratie Athens und fanden aufgrund ihrer rhetorischen Fähigkeiten und ihres lehrenden Auftretens schnell eine große Zuhörerschaft.

Zu Berühmtheit gelangte der Begriff der Philosophie aber erst mit den beiden Großen dieser Zunft: Platons und Aristoteles' schriftliche Abhandlungen haben mehr als 2 000 Jahre überlebt. Diese beiden und ihr Kollege Sokrates verstanden Philosophie als Alternative zur mythischen Religion und ihrer Ordnung. Indem der Mensch selbst, durch Nachdenken und Diskutieren, kurz: Philosophieren, die Welt erklärt, distanziert er sich vom Aberglauben oder einer Herrschaft durch Priester und Gottheiten.

In Athen entstanden zwei weitere Schulen, die ihren Schwerpunkt deutlich von den Thesen Platons und Aristoteles' absetzten: Für Epikur und seine Anhänger sowie für die Stoiker um Zenon von Kition stand das Seelenheil des Individuums im Zentrum ihrer Betrachtungen. Philosophie sollte dazu dienen, psychisches

Wohlbefinden und Gelassenheit zu erlangen. Man stellte sich ein wohldosiertes Genussleben vor, mit kontrollierten Emotionen, fernab jeder politischen Betätigung. In der Spätantike kam es zu einer Verbindung zwischen Philosophie und christlicher Theologie, zunächst durch Augustinus. Er vertrat die Ansicht, dass Gesellschaft und Kirche, Theologie und Philosophie eine Einheit bilden, die keinen Zweifel an den Entscheidungen der Kirche hegt. Später wurde insbesondere durch Thomas von Aquin die Synthese von Philosophie und Theologie vorangetrieben, der Glaube und die Wissenschaft harmonisch verbunden.

Zu Beginn des 14. Jahrhunderts war es Wilhelm von Ockham, der neue Wege in der Philosophie einschlug und mit seiner Forderung nach Trennung von Kirche und Staat die Reformation und Moderne insgesamt einleitet. Mit dem geistigen Klimawechsel zur Renaissance und dem erneuten Aufblühen des Humanismus erfolgte im Übergang zur Neuzeit eine neuerliche Trennung von Staat und Kirche. Denker wie Kepler oder Kopernikus befürworten die Verbindung von Philosophie und den Naturwissenschaften. Die Methoden der Mathematik und der Glaube an die Vernunft gipfelten in der Aufklärung.

Die Vernunft ist Grundlage aller Erkenntnis und Maßstab menschlichen Handelns. Sie tritt für staatliche Gewaltenteilung ein und Mitspracherecht des Bürgertums. Immanuel Kants Erkenntniskritik weist darauf hin, dass wir nicht die Dinge selbst erkennen können, sondern immer nur deren Erscheinungen, die uns der Verstand und die Sinne vorgeben. Kants Thesen werden in der ersten Hälfte des 19. Jahrhunderts vor allem von den Vertretern des deutschen Idealismus ausgearbeitet; kennzeichnend sind hier die spekulativen metaphysischen Systeme, in denen das „Ich", das „Absolute" bzw. der „Geist" die Grundlagen der Welt bestimmen. Auf der anderen Seite bestimmen empiristisch geprägte Strömungen das Bild: Ökonomie, Ethik, ein konsequentes Kosten-Nutzen-Konzept und die Geschichtsphilosophie stehen zum Beispiel im Mittelpunkt der Philosophie von Marx, dem Begründer des Kommunismus.

Die Philosophie des 20. Jahrhunderts zeichnet sich durch ihr immenses Spektrum an Tendenzen und Positionen aus, auch als

Folge einer starken Fortschritts- und Wissenschaftsgläubigkeit. Als Reaktion auf die zunehmende Verwissenschaftlichung vieler Lebensbereiche können alle Denkrichtungen aufgefasst werden, die sich dem Einzelnen und dem Leben beschäftigen. Existentialisten wie Heidegger oder Sartre schreiben dem Menschen Eigenverantwortlichkeit für sein Handeln zu. Die beiden Weltkriege, soziale Umwälzungen und die Spannungen zwischen kapitalistischen und kommunistischen Gesellschaftsformen haben in geschichts- und sozialphilosophischen Fragestellungen neue Akzente gesetzt.

2.2.2 Schlüsselbegriffe

Logik

Der Teilbereich der Logik zählt zu den theoretischen Aspekten von Philosophie, denn er beschäftigt sich mit dem folgerichtigen Denken, dem korrekten Schlussfolgern. Logik untersucht die Struktur von Aussagen und abstrahiert Argumente von ihrem Inhalt. Damit ist sie zugleich Wesensmerkmal von Mathematik, Physik und der moderneren Informatik. Daneben kennen wir im Alltag die praktische Anwendung von Logik, wir nennen es meistens den „gesunden Menschenverstand".

Metaphysik

Die Metaphysik als *die* zentrale Disziplin von Philosophie gibt Auskunft über die Natur schlechthin, über das Sein der Dinge. In der Metaphysik werden die existenziellen Fragen gestellt nach dem Universum, der Existenz eines Gottes und einer Seele, der Beschaffenheit von Geist und Materie, der Struktur und Wirklichkeit unseres Seins. Sie wird daher auch Fundamentalphilosophie genannt, da in ihr die Seinslehre am stärksten analysiert und abstrahiert wird.

Ethik

Ethik, die Wissenschaft von Sitte und Charakter, beschäftigt sich mit dem rechten Handeln des Menschen. Sie stellt Kriterien für gutes und schlechtes Agieren auf und bewertet Motive und

Folgen. Im Rahmen philosophischer Betrachtungen argumentiert sie auf der Basis von Vernunft und unterscheidet sich damit von der klassischen theologischen Ethik, die von einem Glauben an Gott ausgeht.

Allen drei Teildisziplinen und ihren nachgeordneten Disziplinen wie der Erkenntnistheorie oder der neueren philosophischen Anthropologie ist die Art der Herangehensweise an Fragestellungen gemein: Man stützt sich auf die analytische Wahrnehmung, d. h. die Erklärung erfolgt aus der Betrachtung einzelner Erfahrungen oder Erkenntnisse; das Denken ist linear oder statisch; widersprüchliche Aussagen werden nicht akzeptiert, da sie den Gesetzen der Logik widersprechen. Damit unterscheidet sich die westliche Philosophie elementar von der Vorgehensweise in der chinesischen Philosophie. Diese zielt auf ganzheitliche Wahrnehmung ab, sie denkt in Zyklen und toleriert die Koexistenz von sich widersprechenden Erkenntnissen.

Die Entwicklung der abendländischen Geistesgeschichte von der Antike bis in die Neuzeit haben wir einigen sehr klugen Köpfen zu verdanken; mit ihnen und ihren Leitideen beschäftigen wir uns in der folgenden tabellarischen Aufarbeitung des Themas. In chronologischer Abfolge sind die wichtigsten philosophischen Strömungen des Abendlandes sowie ihre Hauptvertreter und deren Thesen aufgelistet; zur besseren Einordnung in den Kontext haben wir die Tafel um die chinesische Dimension erweitert: auch hier Zeitabschnitte, die Meister und ihre Schulen.

2.3 Chinesische Philosophie

2.3.1 Überblick

Das Jahr 600 v. Chr. ... ein günstiger Zeitpunkt für die Philosophie weltweit: Während im nahen Griechenland die Vorsokratiker* ihre Theorien zu Papier bringen, gelangen im Reich

---

* Vorsokratiker: hierzu zählen diejenigen Philosophen der griechischen Antike, deren Leben und Wirken überwiegend in die Zeit vor Sokrates fällt (also vor 469 v. Chr.); die Vorsokratiker bezeichnen den Beginn der klassischen abendländischen Philosophie.

Periode	Philosoph	Abendländische Philosophie	China
			um 1000 v. Chr.: Entstehung des Yijing; enthält Kosmologie und Philosophie des alten China; alles Dasein ergibt sich aus dem Wandel der Grundkräfte Yin und Yang
Antike			
624–546 v. Chr.	Thales	Einer der „Sieben Weisen der abondländischen Philosophie"; Schwerpunkt: Naturphilosophie	6. Jh. v. Chr.–221 v. Chr.: Periode der "Hundert Schulen"
Ca. 580–500 v. Chr.	Pythagoras	Die Zahl als universelles Prinzip	Ca. 6. Jh. v. Chr.: Laotse: Begründer des Daoismus; Suche nach Unsterblichkeit; Fünf-Elemente Lehre; „Weltgesetz ist der Dao = der Weg; „Tun ohne Tun"
Ca. 540–480 v. Chr.	Heraklit	„Der Logos ist das Eine, das im Wandel des Werdens Bestand hat": Panta rhei; Der Streit ist der Vater aller Dinge (Dialektik)	551–479 v. Chr.: Konfuzius: Himmelsbegriff ist zentral; Sittlichkeit und Moral von Untertan und Herrschern gefordert; wechselseitige soziale Bindungen
469–399 v. Chr.	Sokrates	Einer der „Drei Großen Athener"; „Erkenne Dich selbst"; der Mensch im Zentrum philosophischen Handelns; der Mensch handelt mit Einsicht und Weisheit	

Periode	Philosoph	Abendländische Philosophie	China
Antike (Forts.)			
427–347 v. Chr.	Platon	Philosophie in Dialogform: These-Antithese; Höhlengleichnis; Wissen ist begründetes Meinen; Ideenlehre	
384–322 v. Chr.	Aristoteles	Begründer der formalen Logik; Philosophie als Wissenschaft; Tugendethik	
336–264 v. Chr.	Zenon von Kition	Begründer des Stoizismus; stellt Logik an die erste Stelle	206 v. Chr.–220 n. Chr., Han-Dynastie: Konfuzianismus wird zur Staatsideologie
Mittelalter			
354–430	Augustinus	Gnadenlehre: Erlösung von Erbsünde durch Gottes Willkür; Trennung von christl. und weltlichem Staat im Gottesstaat; Philosophie der Zeit und des Zweifels	200–600 n. Chr.: Zersplitterung des Reiches; Daoismus vorherrschende Philosophie
480–524	Boethius	Universalienstreit; begründet mittelalterliche Logik; Synthese zwischen platonischem und aristotelischem Denken	500–900: Zeit der Tang-Dynastie; Buddhismus wird zur herrschenden geistigen Strömung; Verbreitung der chinesischen Schrift über ganz Ostasien
1033–1109	Anselm von Canterbury	Dialektik als Methode für christliche Gotteslehre; formuliert rein philosophischen Gottesbeweis; „Ich glaube, um zu verstehen"	960–1280: Song-Dynastie; der Neo-Konfuzianismus entsteht, bindet Elemente des Daoismus und Buddhismus ein;

1079–1142	Abaelard	Bedeutender Philosoph der Frühscholastik; entwickelte Verantwortungsethik	zwei Schulen: monistische Ansicht nach Cheng Hao (1032–1085) – betont die Einheit von Kosmos und Ich und legt Wert auf das innerliche Bewusstsein; Dualistische Schule: Cheng Yi (1033–1107) und Zhu Xi (1130–1200), daher auch „Cheng-Zhu-Schule" genannt – hält dagegen an der Gegensätzlichkeit von Kosmos und dem Ich fest
1225–1274	Thomas von Aquin	Einklang von Wissenschaft und Vernunft; Gott als Verursacher und Endzweck; Kardinaltugenden und Unsterblichkeit der Seele	
1280–1347	Wilhelm von Ockham	Vertreter des Laizismus: Forderung nach Trennung von Kirche und Staat	
1466–1536	Erasmus von Rotterdam	Gegen Kirchenspaltung, für religiöse Toleranz	Ming-Dynastie: Wang Yangming (1472–1528); vertritt idealistische Philosophie; Vernunft ist bei ihm höchstes Weltprinzip, außerhalb derer nichts existiert. Die Intuition ist die primäre Quelle des Wissens; sie entspricht auch dem Gewissen
1473–1543	Kopernikus	Heliozentrisches Weltbild	
1478–1535	Thomas Morus	Religionsfreiheit und Bildung für alle; Gemeinwesen ohne Privateigentum	
1548–1600	Giordano Bruno	Unendlichkeit des Universums; Gott als Quelle ewigen Wandels	

Periode	Philosoph	Abendländische Philosophie	China
Mittelalter (Forts.)			
1588–1679	Thomas Hobbes	Naturrecht: der Krieg aller gegen alles; Staat als Gesellschaftsvertrag	17. und 18. Jh.: konfuzianische Erneuerungsbewegung: die „Schule der Wirklichkeit" am praktischen Leben orientiert
1632–1704	John Locke	Alle Erkenntnis kommt aus den Sinnen; Freiheit, Gleichheit, Person und Eigentum sind höchste Rechtsgüter	
1711–1776	David Hume	Religionskritiker; stellt Prinzip der Induktion in Frage; Empirist	
Die Aufklärer			
1689–1755	Montesquieu	Geschichtsphilosoph; Gewaltenteilung	
1694–1778	Voltaire	Kritiker von Absolutismus und Feudelherrschaft	
1724–1804	Immanuel Kant	Zentraler Philosoph der Aufklärung; Kategorischer Imperativ; Kopernikanische Wende in der Philosophie	
1748–1832	Jeremy Bentham	Begründer des Utilitarismus	
1770–1831	Hegel	Subjektiver, objektiver und absoluter Geist; das Denken bestimmt die Wahrheit der Gegenstände	

1788–1860	Schopenhauer	Ethik auf Grundlage des Mitleids; die Außenwelt ist Erscheinung; Vorstellungen in Raum und Zeit sind durch den Willen erzeugt	
1813–1855	Kierkegaard	Der Mensch ist nicht zur Transzendenz fähig; Grundkategorien sind Existenz, Angst, Freiheit, Entscheidung; Vollzug der Existenz in den Stufen Ästhetik, Ethik und Religion	Mit Ende des 19. Jh. kommt es unter dem Druck der Kolonialmächte zum Zusammenbruch der traditionellen chinesischen Philosophie; Versuch einer Synthese zwischen konfuzianischer Tradition und westlichen Ansätzen scheitert
1818–1883	Karl Marx	Das gesellschaftliche Sein bestimmt das Bewusstsein; Ökonomie steht im Mittelpunkt der Philosophie; Philosophie soll nicht die Welt interpretieren, sondern sie verändern	
1844–1900	Nietzsche	Wahrheit beruht auf Mythen; wahrgenommene Realität hat immer eine subjektive Perspektive; die überkommene Moral ist Zeichen der Schwäche; Nihilismus, Übermensch, ewige Wiederkehr	

Periode	Philosoph	Abendländische Philosophie	China
20. Jahrhundert			
1879–1955	Albert Einstein	Relativitätstheorie verändert das Weltbild	Zu Beginn des 20. Jahrhunderts größerer Einfluss westlicher Philosophie, vor allem Marx, Kant, Schopenhauer, Nietzsche; Hu Shi (1891–1962) sucht eine Verbindung alter chinesischer Tradition mit dem modernen Pragmatismus; Feng Youlan (1895–1990) knüpft an Zhu Xi an und verbindet Konfuzianismus mit westlichem Rationalismus
1901–1976	Heisenberg	Unbestimmtheitsrelation vs. Determinismus	
1912–2007	Carl Friedrich von Weizsäcker	Philosophie der Zeit; verbindet Religion, asiatische Kontemplation und Philosophie	
1889–1976	Martin Heidegger	phänomenologische Ontologie; Freilegung der Sorge; Herausstellen der „Zeitlichkeit"	
1905–1980	Jean-Paul Sartre	Die Existenz geht dem Wesen voraus; der Mensch ist zur Freiheit verurteilt; Verantwortung kann man nicht abwälzen	Seit Mitte der 20er Jahre des 20. Jh.: Marxismus, Mao Zedong (1893–1976)
1913–1960	Albert Camus	Die Sinnlosigkeit der Welt ist Fakt; Sisyphos als Sinnbild der absurden Lebenssituation des Menschen	1949: Gründung der Volksrepublik China; Hauptziele stellen die Entwicklung der marxistischen Idee und die kritische Auseinandersetzung mit der chin. Tradition dar

1883–1969	Karl Jaspers	Der Mensch kann das Umgreifende in seiner Ganzheit nicht erfassen; Grenzsituationen zeigen die Fragwürdigkeit der wissenschaft-lichen Weltauffassung
1885–1977	Ernst Bloch	Konkrete Utopien, Tagträume; Prinzip der Hoffnung; Marxist, sieht enge Verbindung zwischen christlichen und sozialistischen Gedanken
1902–1994	Karl Popper	Sicheres Wissen ist nicht möglich; Wissenschaftliche Aussagen müssen falsifizierbar sein; Hypothesen sind umso besser, je besser sie getestet wurden; Forderung oi ner offenen Gesellschaft, die sich nach *trial and error* entwickelt
1895–1973	Max Horkheimer	Hauptvertreter (mit Th. W. Adorno) der Kritischen Theorie: Hinterfragen der gesellschaftlichen Totalität; Spannung zwischen Bestehendem und Möglichem
1903–1969	Theodor W. Adorno	Gesellschafts- und kulturkritischer Schwerpunkt; „Dialektik der Aufklärung"
*1929	Jürgen Habermas	Sozialphilosophie; Neomarxist

Abb.4: Westliche und östliche Philosophie

der Mitte jahrtausendealte Überlieferungen erstmals in Schriftform an die Öffentlichkeit. Sie bündeln die fundamentalen Thesen chinesischer Philosophie und haben bis heute an Gültigkeit und Einfluss nichts verloren. Ihre großen Meister sind **Konfuzius** und **Laotse,** deren Lehren der gesamten chinesischen Kultur und dem chinesischen Staat ihr Profil verliehen haben.

Der Schwerpunkt der konfuzianischen Leitgedanken liegt auf den Bereichen Ethik und Politik und betont die hohen moralischen Ansprüche, die jede einzelne Person und die Regierenden hier zu erfüllen haben. Konfuzius setzt auf die Verbindlichkeit sozialer Beziehungen, auf Gerechtigkeit, Tradition und Ernsthaftigkeit. Seine Idee ist es, die Anerkennung und Wertschätzung eines Menschen nach dessen Fähigkeiten einzuordnen, nicht nach Reichtum, Ahnengeschichte oder begünstigenden Beziehungen.

Eine Auffälligkeit im Verlauf chinesischer Philosophiegeschichte ist die Flexibilität, mit der unterschiedliche Gedankenschulen (Buddhismus, Taoismus) aufeinander reagiert und miteinander agiert haben. Die Anpassungsfähigkeit, das Teilen von Ideen und die Kooperation selbst unter kontrastierenden Wertesystemen erklärt wohl auch ihre Überlebensdauer über diesen langen Zeitraum.

Der Integrationsgedanke blieb auch in Zeiten der Industrialisierung aktuell: hier waren es die Konzepte westlicher Philosophie, mit deren Hilfe die Modernität in Kultur und Staat Einzug halten sollte. Politische Ereignisse, wie die Xinhai Revolution im Jahr 1911* oder die Bewegung des 4. Mai 1919,** belegen eindrucksvoll den Wunsch nach Veränderung kultureller und staatsphilosophischer Identifikation. Die alten imperialistischen Insti-

---

* Xinhai-Revolution (Oktober 1911–Februar 1912): Sie führt zum Ende der Qing-Dynastie und mündet in der Gründung der Republik China.

** Bewegung des 4. Mai (1919): Sie markiert das Aufkommen neuer geistiger und politischer Strömungen (Beginn des Nationalismus) in China; der Ruf nach Veränderungen in Kultur und Staatswesen eint alle Bevölkerungsschichten, bezeichnet aber vornehmlich das radikale Umdenken chinesischer Intellektueller. Die Nationalistische und Kommunistische Partei Chinas werden in diesem Kontext gegründet.

tutionen und Praktiken sollten abgeschafft und durch Grundsätze demokratischer oder republikanischer Staatsformen in einer Industrienation ersetzt werden. Erste Versuche dazu unternahm Staatsmann Sun Yat-Sen,* später ergänzt durch Mao Zedongs** marxistisch-kommunistische Vorstellungen. Obwohl die aktuelle Regierung der Volksrepublik eine Form von Marktsozialismus anstrebt und damit auch auf klassische Leitgedanken des alten China verzichten möchte, bleiben die traditionellen Lehren tief in der chinesischen Kultur verwurzelt. Philosophie als Schmelztiegel unterschiedlicher Ideen: alter Glaube bleibt bestehen, neue Konzepte werden aufgenommen. Trotz seines weltweiten Ausflugs in abendländische Breiten, erreicht der so genannte Neo-Konfuzianismus hier nur eine verhältnismäßig kleine Klientel, die bereit ist, seine Lehren in Theorie und Praxis einfließen zu lassen. Der nach wie vor größte Abnehmer konfuzianischer Philosophie bleibt der ostasiatische Raum bis hin nach Südostasien.

2.3.2 Geschichte der chinesischen Philosophie

Zur Zeit der Shang-Dynastie beruhte alles Denken auf dem Prinzip der **zyklischen** Wiederkehr der Dinge. Es waren die Beobachtungen des alltäglichen Lebens, die zu dieser Annahme führten: der Wechsel von Tag und Nacht, der turnusmäßige Verlauf der Jahreszeiten, die zyklischen Veränderungen des Mondes. Dieses Prinzip des Denkens ist im gesamten Verlauf der chinesischen Philosophie konstant geblieben und reflektiert zudem die zentrale Idee von der **„Ordnung der Natur"**. Es steht damit in deutlichem Gegensatz zu den Vorstellungen westlicher Philosophie, in der der Verlauf der Zeit als lineare Progression wahrgenommen wird. Während der Shang Dynastie spielte das

---

* Sun Yat-Sen (1866–1925); chinesischer Revolutionsführer und Staatsmann; erster provisorischer Präsident der Republik China; er begründet die politische Philosophie der „Drei Prinzipien des Volkes": Nationalismus – Demokratie – Staats-Sozialismus.
** Mao Zedong (1893–1976): führender Politiker Chinas im 20. Jahrhundert; mehr als 30 Jahre lang Vorsitzender der Kommunistischen Partei; Kampagnen wie der „Große Sprung nach vorn" und die Kulturrevolution gehen auf seinen Einfluss zurück.

„**Schicksal**" eine große Rolle und eine Vielzahl von **Gottheiten** bzw. Göttern, die darauf entscheidenden Einfluss hatten. Das Betreiben von Ahnenkult gehörte zum Alltag und war allerorten anerkannt.

Nach einem Führungswechsel an der politischen Spitze und Ablösung der Shang durch die Zhou erfuhr China neue philosophische, religiöse und eben auch politische Impulse. Das Konzept der Stunde hieß „**Mandat des Himmels**". Hierbei ging es um die Legitimation politischer Herrschaft durch höhere – himmlische – Kräfte, die einen gerechten Herrscher mit langem Mandat auszustatten in der Lage waren und mit eben solcher Bestimmtheit einen unfähigen Machthaber kurzfristig austauschen konnten. Das Mandat des Himmels ließ es zu, auch Personen „niederer" Herkunft auf den Thron zu setzen. Das Konzept erinnert stark an die Vorgehensweise politischer Persönlichkeiten im „alten" Europa, die sich allzu gerne auf das „Gottesgnadentum" beriefen und ihren absoluten Herrschaftsanspruch damit hinreichend begründet sahen: Karl der Große, der französische Louis XIV. und die russischen Zaren – der Wille Gottes eingesetzt als unanfechtbares Argument zur Stärkung und Ausübung einer Regentschaft im Alleingang.

Als um 500 v. Chr. die Zhou Herrschaft erste Schwächen zeigt, bewegt sich China in Richtung der Frühlings- und Herbstperiode,* der vielleicht wichtigsten Periode klassischer chinesischer Philosophie. Es ist die Geburtsstunde der so genannten „**Hundert Schulen**". Während nahezu zeitgleich die abendländischen Meister neue Weisheiten entwickeln, werden in China unter den vielen Hunderten einige der zentralen philosophischen Schulen begründet, darunter der Konfuzianismus, der Daoismus (auch Taoismus), der Mohismus und der Legalismus.

Die Kaiser der Qin-Dynastie machten den Schulen der Mohisten und des Konfuzius zunächst den Garaus und erklärten den

---

* Frühlings- und Herbstperiode (770–476 v.Chr.): Während der Frühlings- und Herbstperiode kam es zu einem Zusammenbruch der Ethik und dem Untergang der Kunst. Konfuzius betrachtete diese Epoche als „unruhige Zeit" (luanshi). Es deuteten sich allerdings auch schon der anstehende Zusammenbruch des alten Systems und die Herausbildung eines neuen Systems an.

Legalismus zur offiziellen Philosophie. Sein Einfluss bestand weiter, bis die Vertreter der Han-Dynastie zuerst den Daoismus, später auch den Konfuzianismus als offizielle Doktrin anerkannten. Die beiden letztgenannten bildeten bis weit ins 20. Jahrhundert hinein die entscheidenden Kräfte chinesischen Denkens, ergänzt durch Elemente buddhistischer Philosophie. Wie heißt es doch: „Chinesen sind konfuzianisch bei Tage, in der Nacht sind sie Daoisten".

Mit dem Anbruch der Neuzeit und der Führungsübernahme durch die kommunistische Partei galten die ehemals traditionellen Denkschulen, mit Ausnahme vielleicht des Legalismus, als überholt und rückwärtsgewandt. Die **Kulturrevolution*** sollte mit den klassischen Wertvorstellungen radikal brechen, ein Ansinnen, das nicht sehr erfolgreich endete. Die letzten Generationen politischer Führung stehen der Ausübung traditioneller Brauchtümer toleranter gegenüber und lassen dies in der Verfassung Chinas offiziell als Religionsfreiheit manifestieren. Mit einer Vielzahl von Einschränkungen und unter staatlicher Aufsicht ist es geistigen und philosophischen Einrichtungen erlaubt, sich zu etablieren, solange sie die Ziele der Führungspartei nicht bedrohen.

---

* Kulturrevolution (1966-1976): politische Kampagne Maos mit dem Ziel, die chinesische Gesellschaft vom Feudalismus zum Kommunismus zu transformieren und die Industrialisierung des Landes voranzutreiben. Die Revolution scheitert und endet mit Maos Tod 1976.

3. Die klassischen chinesischen Denkschulen

3.1 Konfuzianismus

Unter dem Begriff des Konfuzianismus ist ein komplexes ethisches und philosophisches System zu verstehen, das moralische, gesellschaftliche, politische und religiöse Werte zusammenfasst. Konfuzianische Leitvorstellungen existierten bereits, bevor sie dann durch den Namensgeber höchst persönlich gesammelt, weiterentwickelt und als *die* entscheidende Komponente in die Geschichte der chinesischen Zivilisation einfließen konnten. Der westlich geprägte Begriff der „Staatsreligion" rührt nicht von ungefähr: Einen besonderen Fürsprecher fanden die konfuzianischen Lehren in Kaiser Wu aus der Han-Dynastie; dieser erinnerte sich der seit der Qin-Dynastie unter Verbot stehenden Denkschule und deklarierte sie während seiner Herrschaft zum politischen System in der Regierung des chinesischen Staates. Den nächsten großen Einschnitt in ihrer Bedeutung erfuhr die Doktrin zu Beginn des 20. Jahrhunderts; als Hüterin eines Feudalsystems behinderte sie chinesische Modernisierungsabsichten und bedrohte die intellektuelle Wirklichkeit. Das Bestreben, die alte Staatsreligion auch bei Bedarf gewaltsam abzusetzen, mündete schließlich in einer Wiederbelebung des Konfuzianismus unter neuen Vorzeichen: Heutzutage stehen das traditionelle Interesse an klassischen Denkschulen und die kritische Debatte über ihre Inhalte gleichberechtigt nebeneinander.

3.1.1 Zur Person

Konfuzius, eigentlich „Meister Kong", lebte zwischen 551 und 479 v. Chr. Schon als Schüler zeigte er großes Interesse an den geistigen Traditionen Chinas. Er war als Lehrer und politischer Berater tätig. Er schrieb Briefe, in denen er sich zu seinen politischen Thesen und den Ideen einer sozialen Ordnung äußerte. Er zog mit seinen Schülern von Ort zu Ort in der Hoffnung, seine

Weisheiten mögen Gehör finden und die herrschenden Könige zur Einsicht bringen. Seine moralischen Lehren und seine vorbildliche Lebensführung gelangen allerdings erst nach seinem Tod zu staatlichen Ehren: ein König ohne Krone, dessen Prinzipien und Ethikvorstellungen in den **Analekten** – Lehrgesprächen – niedergeschrieben sind. Sie gehören zu den wenigen Originalquellen, die über das geistige Werk des Meisters Aufschluss geben.

Im Gegensatz zu den meisten westlichen Philosophen folgte Konfuzius bei seinen Überlegungen keiner deduktiven Vorgehensweise; wie auch die chinesischen Kollegen vor und nach ihm grübelte er nicht über eine messbare Bestimmung von Ursachen und Wirkungen, sondern entwickelte ein System, in dem sich die Entsprechungen festlegen ließen: Die Ordnung im Kosmos unterscheidet sich nicht von der kulturellen Ordnung. Wozu also Ursachenketten ermitteln? Konfuzius sah seine Aufgabe darin, überlieferte Verhaltensregeln neu auszurichten und harmonisch zu verbinden. Um seine Zuhörerschaft von seinen Ideen zu überzeugen, bediente er sich rhetorischer Hilfsmittel in Form von Aphorismen oder Analogien und formulierte insgesamt sehr wortreich. Ein Grund vielleicht, warum ihm der direkte Zugang zu den Obrigkeiten verwehrt blieb. Dagegen waren zwei seiner Mitstreiter in Sachen Konfuzianismus erfolgreicher; Menzius und Xun Zi formten die Lehren zu einer ethischen und politischen Doktrin. Sie gewannen das Vertrauen der Regierenden durch kluge Argumentation und appellierten an die Vernunft. Menzius erweiterte die Bedeutung der menschlichen Natur und der Moral in diesem System und schuf damit zwei Stichworte, die einen guten Regenten auf den Plan rufen mussten: nach Menzius' Einschätzung war der Mensch von Natur aus gut. Xun Zi vertrat die Auffassung, dass der Mensch von Grund auf schlecht sei und erst zu einem guten Mitglied der menschlichen Gesellschaft erzogen werden müsse. Diese Ideen wurden von Schülern des Xun Zi weiter entwickelt und mündeten in der Gründung des Legalismus, einer frühen Form des Totalitarismus – auf der Basis von Gesetz und Rechtsprechung. Diese Philosophie war natürlich Lichtjahre entfernt von dem auf Tugendhaftigkeit beruhenden System des Konfuzius. Sein Traum, das Land geeint und politisch stabil zu sehen, ging zwar in Erfüllung, aber zu einem hohen Preis. Die neue Einigkeit ließ sich nur durch starke staatliche Kontrolle und Eingriffe in menschliches Handeln aufrechterhalten.

3.1.2 Schlüsselbegriffe

„Führe die Menschen mit Verboten und Gerichtsbeschlüssen und lasse sie bestrafen, dann werden sie Verfehlungen vermeiden, aber sie werden keine Scham empfinden. Führe sie mit Feingefühl und zeige ihnen ihren Platz mit Hilfe ritueller Praktiker, und sie werden harmonisch zueinander finden" …

Diese Ausführungen beinhalten die wesentlichen Unterschiede zwischen dem strengen Legalismus und der Erziehung nach **Riten**: Mit ihrer Anwendung, so argumentiert Konfuzius, gibt man den Menschen Verhaltenskodices an die Hand, um innere Autorität und ein Gefühl für Scham und Gesichtsverlust zu entwickeln.

Die Riten werden im konfuzianischen Kontext nicht religiös interpretiert (im Sinne von Opfergaben u. ä.), sondern in ihrer sozialen Bedeutung. Sie vermitteln Höflichkeit und Anstand im gegenseitigen Umgang und sorgen für die adäquate Zuordnung einer Person an ihren korrekten Platz in der Gesellschaft. Von außen betrachtet, werden Riten angewandt, um zwischen einzelnen Menschen unterscheiden zu können. Ihr Gebrauch erlaubt es jederzeit zu bestimmen, wer der ältere oder der jüngere, wer der Gastgeber oder der Gast ist. Nach innen betrachtet, weisen die Riten die Menschen auf ihre mitmenschlichen Pflichten hin und darauf, was sie von anderen Menschen zu erwarten haben. Der Internalisierung des rituellen Handelns kommt dabei die größte Bedeutung zu. Formalisiertes Verhalten wird nach und nach verinnerlicht, Wünsche werden kanalisiert und die Förderung und Pflege persönlicher Tugenden wird zum Zeichen gesellschaftlich korrekten Verhaltens. Besondere Bedeutung kommt dabei der Ernsthaftigkeit zu, mit welcher die Verhaltensregeln absorbiert werden. Die Riten spielen so auch eine Mittlerfunktion zwischen rivalisierenden Eigenschaften und helfen, einen mögli-

chen Konflikt vermeiden. Die Riten teilen Menschen in Kategorien ein; Beziehungen unterliegen einer strengen Hierarchie, die
sich in Zeremonien und Protokollabläufen widerspiegelt. Jedem
wird ein Platz in der Gesellschaft und eine dem Status angemessene Form des Verhaltens zugewiesen.

Regierungsfähigkeit

Dieses konfuzianische Konzept besagt, dass nur derjenige andere Menschen regieren kann, der zunächst einmal sich selbst regieren kann. Sobald die eigene geistige und moralische Kraft eines Regenten hinreichend ausgeprägt ist, kann er diese Tugenden
als wohltuenden Einfluss an sein Königreich weitergeben. Das
Konzept des guten Regierens wurde später zur Idee des Großen
Lernens weiter entwickelt.

Der Edelmann

Eine der Ideen, für die Konfuzius gerade auch unter westlichen Philosophen Bewunderung erntete, war die des Edelman-
nes: Menschen, die nicht durch adliges Blut, sondern durch ihre
Leistungsbereitschaft und Tugendhaftigkeit den Rang eines Gen-
tleman genießen sollten. Konfuzius selbst ging mit bestem Beispiel voran und rekrutierte seine Schüler und Anhänger aus allen
Schichten der Bevölkerung und erteilte damit den Feudalstruktu-
ren der chinesischen Gesellschaft eine deutliche Abfuhr.

Die Leistungsbereitschaft

… und die Chancengleichheit, diese zeigen zu dürfen, führte
schließlich zur Einführung des so genannten **Beamtenprüfungs-
systems** in China. Dieses System erlaubte es jedem, der eine Prüfung zum Regierungsbeamten ablegte, eine Position zu erlangen,
die der ganzen Familie zu Reichtum und Ehre genügen sollte. Bei
allem nachlassenden Enthusiasmus Europas gegenüber Chinas
Kultur gegen Ende des 18. Jahrhunderts lässt sich nicht leugnen,
dass China Europa hier ein wichtiges praktisches Vermächtnis
hinterlassen hat: den modernen Beamtenapparat, das Staatsdie-
nertum. Die ersten Prüfungen dieser Art in China wurden im Jahr
165 v. Chr. abgehalten. Kandidaten, die ein öffentliches Amt be-
kleiden wollten, wurden in die chinesische Hauptstadt gerufen

und dort vom Kaiser auf ihre moralische Integrität getestet. In den folgenden Jahrhunderten wurde das Prüfungssystem angepasst und verfeinert, bis die offizielle Form der schriftlichen Regierungsbeamtenprüfung gefunden war.

Konfuzius selbst beteiligte sich an der Schaffung des Beamtentums: er schuf eine Schule, die geeignete Staatsmänner hervorbringen sollte; verantwortungsbewusste Menschen mit einem starken Sinn für die Staatsangelegenheiten und Pflichterfüllung, auch genannt: die Schule der Literaten. China wuchs schnell und die Nachfrage nach geeignetem Personal, das in der Lage war zu lesen und behördliche Papiere zu verfassen, wuchs ebenso. Auf diese Art und Weise betrieb der Konfuzianismus für sich selbst die beste Werbung und schuf eine effektive Leistungsgesellschaft, die den verbleibenden Großgrundbesitzern im Sinne der Einheit des Staates gut entgegen treten konnte.

Die konfuzianischen Prinzipien

Das konfuzianische Gedankengut basiert zu großen Teilen auf den verschiedenen Formen von Aufrichtigkeit und Ehrlichkeit. Der Mensch wird dabei in seiner Beziehung zu der ihn umgebenden, hierarchisch strukturierten Ordnung der Welt betrachtet. Er ist über seine Stellung, sein Dasein und seine Tätigkeit in der Familie, im Netzwerk gesellschaftlicher Beziehungen und im Gemeinwesen definiert.

Die folgenden Grundwerte des Konfuzianismus sind dabei von zentraler Bedeutung:
- moralische Bildung
- Bedeutung zwischenmenschlicher Beziehungen
- Familienorientierung
- Respekt vor Alter und Hierarchie
- Konfliktvermeidung und Harmoniebedürfnis
- Konzept des Gesichtwahrens

Die moralische Bildung

Der Konfuzianismus kann in erster Linie als eine Form moralischer Ethik verstanden werden. Ein großes Anliegen des Konfuzianismus besteht darin, die Menschen durch lebenslanges Ler-

nen und moralische Bildung zu formen. Die herausragenden Tugenden, die dabei entwickelt und gefördert werden sollen, sind:
- Menschlichkeit und Güte
- Aufrichtigkeit und Gerechtigkeit
- Etikette
- Weisheit
- Vertrauen

Das moralische Denken im Konfuzianismus ist dabei nicht universell angelegt, sondern eng auf eine Familie oder Gruppe bezogen: Vertrauen gegenüber Insidern der Gruppe, Misstrauen gegenüber Outsidern. Chinesisches Vertrauen ist stark *personenbezogen* und unterscheidet sich somit fundamental von dem eher *organisationsbezogenem Vertrauen*, das sich in westlichen Kulturen findet. Eine Beobachtung, die für den Aufbau von Beziehungen im chinesischen Geschäftsleben eine erhebliche Rolle spielt. Dementsprechend wichtig ist es, langfristige, vertrauensvolle Beziehungen auf persönlicher Ebene aufzubauen und zu pflegen.

Rechtsgewalt ist nicht Gegenstand des Konfuzianismus. Im Verständnis des Konfuzianismus hat der Staat mittels *moralischer Kräfte* zu regieren. Das Verhalten der Menschen ist durch ein Set von selbst regulierenden moralischen Mechanismen zu steuern und damit auch durch das Gefühl von Scham. Recht wurde in der chinesischen Kultur traditionell immer mit Mangel an Vertrauen sowie Tyrannei gleichgesetzt und daher als weniger effektives Mittel, um menschliches Verhalten zu beeinflussen.

Das konfuzianische Konzept der Menschlichkeit wird vielleicht am deutlichsten in seiner goldenen Regel reflektiert: „Was Du nicht für Dich selbst wünschst, das füge auch niemandem sonst zu" ... der Satz klingt bekannt! Bei Konfuzius haben Menschlichkeit und Güte auch eine politische Dimension: Fehlt es einem politischen Führer an Güte, wird er inhuman und autokratisch seine Untergebenen regieren. Auf diese Weise riskiert er, das Mandat des Himmels zu verlieren, also das Recht zu regieren. Einem mandatslosen Führer muss niemand gehorchen; wohl aber demjenigen, der mit Menschlichkeit und Sorgfalt über seine Schutzbefohlenen wacht und das Mandat des Himmels rechtfertigt. Konfuzius' geistiger Nachfolger Menzius war in dieser Hinsicht etwas pragmatischer veranlagt: Er war der Auffassung, dass nicht nur der Wille des Himmels ausschlaggebend, sondern eben auch die Meinung des Volkes abzufragen sei und schlug vor, es bei wichtigen Staatsangelegenheiten per Wählerstimme in politische Prozesse mit einzubeziehen.

Die Bedeutung von Beziehungen

Der Konfuzianismus kann auch als eine praktische Philosophie menschlicher Beziehungen und Verhaltensregeln gesehen werden. Diesseitig orientiert und lebensnah gibt er Rat in der Bewältigung der alltäglichen Fragen des Zusammenlebens und der Regierungskunst. In der konfuzianischen Tradition wird der Mensch als Summe seiner Beziehungen verstanden. Konfuzius legte fünf menschliche Kardinal- bzw. Elementarbeziehungen fest, die in ihrer Zuordnung durch gegenseitige Verpflichtungen charakterisiert sind: Zwischen Eltern und Kindern, älteren und jüngeren Brüdern, Herrscher und Untertan, Mann und Frau, Freund und Freund.

Aufgabenverteilungen in den Kardinalbeziehungen

Eltern
Ernährung, Versorgen, Erziehung

Kinder
Verehrung, Hingabe, Pietät

Älterer
Wohlwollen, Unterweisung, nach Rang agieren

Jüngerer
Respekt, Gehorsam, Rang achten

Herrscher
Fürsorge, Schutz, Anleitung, Anstand

Untertan
Loyalität, Anstand, keine Kritik

Mann
Versorgung

Frau
Treue

Freund
Vertrauen, Verlässlichkeit

Freund
Vertrauen, Verlässlichkeit

Nach dieser Auffassung sind Beziehungen nicht universell angelegt, sondern auf Gegenseitigkeit, stets situationsbezogen und kontextabhängig. Je nach Rang und Art der Beziehung hat der

Einzelne von Fall zu Fall andere Rechte und Pflichten. Bevor man also wissen kann, wie man sich verhalten soll, muss man zuerst einmal wissen, in welcher Beziehung man zum anderen steht. Wiederum ein wichtiger Hinweis auf die Bedeutung, die man dem ersten Zusammentreffen mit chinesischen Geschäftspartnern beimessen sollte. Der erste Eindruck zählt, Vertrauen und Offenheit werden hier bereits justiert und die adäquaten Strategien in Bezug auf die Verhandlungen ausgewählt.

Das Prinzip der Gegenseitigkeit in Beziehungen: Guanxi

Eine Art „Vitamin B" nach westlichem Strickmuster? Man würde dem Ausmaß und der Raffinesse dieses Netzwerkmodells sicher nicht gerecht werden, wollte man den Austausch von Gefälligkeiten und das Erreichen gesellschaftlicher Vorteile auf diese Weise beschreiben. Hier geht es um ein Geflecht persönlicher Beziehungen, das enormen Einfluss auf Entscheidungen, Absprachen und Verträge hat. Guanxi-Beziehungen basieren auf der Verbindung zwischen einzelnen Personen, nicht zwischen Personengruppen oder Institutionen. Natürlich ergibt sich aus der guten Beziehung zu einer bestimmten Person die Möglichkeit, weitere Kontakte in diesem Beziehungsgefüge zu knüpfen. Wesentliche Voraussetzung dazu ist wiederum die Pflege des gerade gewonnenen Vertrauens, ein ebenso mühsamer wie langfristiger Prozess. Wo dieses Beziehungsnetz beginnt und wo es aufhört, ist für einen Ausländer kaum wahrnehmbar. Der Ursprung eines Gegenseitigkeitsverhältnisses kann banale Gründe haben: man hat im gleichen Dorf gewohnt oder ist gemeinsam in die Schule/auf die Universität gegangen. Um den Grad des gegenseitigen Vertrauens und der zu erwartenden Hilfe richtig einschätzen zu können, wird in China deutlich nach Personengruppen unterschieden: Familie, Freund oder Fremder?

In China gibt es keinen Aspekt des gesellschaftlichen Lebens, der nicht durch Guanxi geprägt ist. Ob Unternehmen Waren einkaufen oder verkaufen, ob sie Dienstleistungen beziehen oder erbringen, ob sie Personal einstellen, Kredite aufnehmen, staatliche Genehmigungen einholen oder einen Kooperationspartner suchen – Guanxi sind allgegenwärtig. Hat man Guanxi, so steht einem alles offen; hat man sie nicht, so bleibt einem nahezu alles verschlossen. Guanxi ermöglichen dem Einzelnen, über Umwege Ziele zu erreichen, die über den offiziellen bürokratischen Weg nicht zu erreichen wären. Der bewusste Aufbau von Guanxi beginnt dabei häufig mit Geschenken oder Aufmerksamkeiten. Für den Gefallen, den Person A Person B erweist, erwartet A später eine Gegenleistung, die jedoch nicht Zug um Zug erbracht werden muss. In der Regel handelt es sich um eine ganze Kette aufeinander folgender und miteinander verbundener Leistungen und Gegenleistungen. Ein gutes Netzwerk an Guanxi, das einflussreiche und wichtige Entscheidungsträger einschließt, ist somit zum Erlangen von Ressourcen von wesentlicher Bedeutung. Dementsprechend existiert in China weniger Vertrauen in Systeme, Organisationen oder Institutionen als vielmehr Vertrauen in Personen.

Die Etikette

... oder auch Li ist ein ausgesprochen konfuzianisches Konzept, das sich ursprünglich auf die gesellschaftliche Hierarchie und Ordnung der Zhou-Dynastie bezog und von Konfuzius als ideales Modell einer Gesellschaft angesehen wurde. Hier wurden zeremonielles Verhalten, Anstandsformen und Höflichkeit zu kodifizierten Regeln eines allumfassenden Systems. Die Etikette umfasst alle Pflichten und Vorschriften, alle sozialen Anforderungen und Vorgehensweisen, die festgelegt wurden, um ein harmonisches Miteinander zu schaffen und zu garantieren. Die Etikette ist praktische Lebenshilfe, wenn es darum geht, Gefühle zu kanalisieren, peinlichen Momenten auszuweichen und ein hohes Maß an Sicherheit und Würde für alle Beteiligten in jeder Situation zu gewährleisten. Die Etikette beschreibt die Art und Weise, in der sich Chinesen innerhalb der hierarchischen Gesellschaft benehmen und wie sie ihre verschiedenen Rollen ausüben sollen.

In der chinesischen Gesellschaft hat höfliches, rollenbewusstes Verhalten eine hohe Bedeutung für die Stabilisierung der Gemeinschaft. Allerdings bezog sich die Etikette traditionell immer nur auf die eigene Bezugsgruppe, also die Familie oder Dorfgemeinschaft. Die Gruppenmoral, die nahezu sämtliche Energie auf das Wohlverhalten innerhalb eines bestehenden Beziehungsnetzwerkes lenkt, hat somit unweigerlich die Kehrseite, dass Gruppenfremden gegenüber wenige oder gar keine Verpflichtungen bestehen. Dies zeigt sich bspw. im chinesischen Straßenverkehr: Dieselben Menschen, die sich innerhalb ihrer Beziehungen durch Höflichkeit und Hilfsbereitschaft auszeichnen, werden in der Anonymität der Straße regelrecht zu Rüpeln. Da kann gedrängelt und geschubst werde, und kein Wort der Entschuldigung ist zu hören.

Die Familienorientierung

Die Familie ist die Wurzel der chinesischen Gesellschaft. Konfuzius zieht dabei eine direkte Verbindung zwischen Familie und Staat. Chinesen vertreten die Überzeugung, dass ein Mensch ohne den persönlichen und familiären Rückhalt kein guter politischer Führer, geistiges Vorbild oder Lehrer sein kann. Da sich Chinesen über ihre Rolle innerhalb der Familie und nicht über das Selbst als Individuum definieren, sind die Begriffe „individuell" und „Individualismus" im Gegensatz zur westlich-europäischen Auslegung eher negativ besetzt.

Von den fünf Kardinalbeziehungen befassen sich allein drei mit der Familie im engeren Sinne: Eltern haben nach diesem Regelsystem die Pflicht, ihre Kinder aufopfernd und unter Ausübung von Autorität zu versorgen. Den Kindern wird vermittelt, dass ihre oberste Pflicht der Dienst an den Eltern ist. Die starke Familienorientierung der Chinesen hat ihren Ursprung letztendlich in der überwiegend ländlich geprägten Gesellschaftskultur des Landes, die durch die Gruppe gekennzeichnet ist. Das emotionale und materielle Überleben war dabei von der Zusammenarbeit innerhalb der Gruppe abhängig. Entsprechend wichtig sind in einer solchen Gesellschaft Werte wie Loyalität, Harmonie und Unterordnung. Auch heute noch leben und arbeiten zwei Drittel der chinesischen Bevölkerung auf dem Land. Hier lässt sich übrigens auch die ausgeprägte Gewinnorientierung der Chinesen ableiten: die konfuzianische Doktrin vermittelt eher Misstrauen gegenüber Systemen, Organisationen und Institutionen, stärkt hingegen die vorrangige Stellung der Familie. Angesichts des Mangels an rechtlicher und sozialer Absicherung in der chinesischen Gesellschaft ist das Sicherheitsstreben durch Mehrung von Familienreichtum – und damit die Möglichkeit, Familienmitgliedern in Zeiten der Not helfen zu können – tief verwurzelt in der chinesischen Psyche. Reichtum wurde und wird aus diesem Grund auch moralisch positiv bewertet.

Seniorität und Hierarchie

Nach wie vor fragen Chinesen neue Bekannte nach dem Alter, um zu wissen, wer tendenziell die Rolle des Ratgebers und wer die Rolle des respektvollen Zuhörers auszufüllen hat. Im Gegensatz zu Gleichheit und individueller Freiheit – wiederum klassischen abendländischen Vorstellungen – betont der Konfuzianismus soziale Hierarchie und Ordnung. Ebenso wie der Begriff Individualismus ist auch der Begriff „Freiheit" in China eher negativ belegt. Er bezog sich weniger auf die Rechte von Unterdrückten als vielmehr auf Vorrechte, welche Privilegierte sich herausnahmen. Die Rechte des Einzelnen leiten sich in der chinesischen Kultur aus seinem Beziehungsgeflecht ab – wie etwa das Recht auf Schutz und Fürsorge Jüngerer oder das Anrecht auf Ehrerbietung Älterer. Ausdrücklich nicht vorgesehen war jedoch das Recht, sich aus den Beziehungen herauszulösen und nur für sich selbst verantwortlich zu sein. Der chinesische Sozialisierungsprozess ist durch das Üben von Gehorsam, taktvollem Verhalten, Kontrolle von Gefühlen und Akzeptanz sozialer Verpflichtungen charakterisiert. Dies hat auch Auswirkungen auf die Kommunikation, die in der chinesischen Kultur auf das *Zuhören!* zentriert ist: Nicht jeder hat das Recht, das Wort zu ergreifen. Ein Sprechender wird gleichgesetzt mit Seniorität, Autorität, Erfahrung, Wissen und Weisheit. Der Respekt vor Alter und Hierarchie wird auch in der chinesischen Sprache deutlich. So hat das Chinesische ein breites Vokabular, um Unterschiede zwischen Personen im Hinblick auf Alter und Generation auszudrücken. Beispiele hierfür sind bofu oder bobo für älteren Onkel und shushu für jüngeren Onkel oder gege für älteren Bruder und didi für jüngeren Bruder.

Für das Business gilt: Chinesische Führungskräfte akzeptieren als Verhandlungspartner in der Regel nur erfahrene Persönlichkeiten auf gleicher Hierarchiestufe. Ein Treffen mit Rangniedrigeren wird schnell als Zeitverschwendung interpretiert, da man annimmt, dass diese Person einfach nicht die entsprechende Entscheidungsbefugnis besitzt. Eine junge Führungskraft sollte als China-Neuling daher zunächst von einem Senior begleitet werden, da sich diesem aufgrund seines Alters, seiner Erfahrung und dem entgegen gebrachten Respekt die Türen schneller öffnen werden.

Konfliktvermeidung und Harmoniebedürfnis

In der konfuzianischen Tradition ist soziale Harmonie erreicht, wenn alle fünf Kardinalbeziehungen erfüllt sind. Dies erfordert ein moralisches Verhalten in allen Beziehungen und damit Anpassung an die Kollektivität, Kontrolle von Gefühlen, Vermeidung von Konflikt und Konkurrenz, usw. Die westliche Streitkultur mit ihrem direkten und offenen Austragen von Konflikten wird von Chinesen nicht geschätzt, da dadurch aus ihrer Sicht Beziehungen geschädigt werden und es für sie nahezu unmöglich ist, eine einmal zerstörte Harmonie wieder herzustellen. Chinesen sind daher Meister indirekter Kommunikation. Aus dem Harmoniebedürfnis resultierend sind sie es gewohnt, zwischen den Zeilen zu lesen und frühzeitig zu erkennen, worauf ein Gesprächspartner hinaus will. Ist die Richtung der Argumentation unerwünscht, wird ebenso subtil entgegengesteuert, ohne dass es zur offenen Konfrontation kommt.

Das Gesicht wahren

Das Harmonieprinzip findet seinen sensibelsten Ausdruck in dem Grundsatz „Gesicht geben, niemals Gesicht nehmen, aber selbst Gesicht wahren". Wer beispielsweise nach etwas gefragt wird, gibt selten zu, dass er die Antwort nicht kennt. Gleichzeitig erwartet er, dass der Fragende das Nichtwissen übersieht und somit dem anderen hilft, sein Gesicht zu wahren. Fehlinformationen sind demnach zulässig, wenn sie helfen, das Gesicht zu wahren und die Situation zu entspannen. Wahrheit – so, wie wir sie in der abendländischen Philosophie interpretieren – gilt in China eben nicht absolut, sondern vielmehr im Hinblick auf die Beziehung zwischen den Akteuren und die Situation, um die es geht. Konfuzius betont, dass die Wahrung des Gesichts sowohl der inneren wie der sozialen Harmonie dient.

Das Gesicht wahren ist für einen Chinesen die eleganteste Weise der menschlichen Begegnung, die vor allem davon bestimmt sein soll, den Gefühlen des Gesprächspartners Respekt zu zollen. Eine Abwertung anderer wirkt dabei immer auch negativ für denjenigen, der die Kritik ausspricht, denn ein Gesichtsverlust trifft stets beide Seiten. Umgekehrt strahlt Anerkennung positiv auf den Sprecher zurück. Wer anderen „Gesicht gibt" zeigt sich als gebildeter, souveräner Mensch und als Mitglied einer würdigen Gruppe.

Das gesellschaftliche Zusammenleben in China beruht somit auf vernetzten Gemeinschaften. Die Identität des einzelnen Menschen bestimmt sich über seine Zugehörigkeit und Stellung im Rahmen des sozialen Beziehungsgeflechts. Die Bedeutung von persönlicher Verpflichtung, Vertrauen, Ansehen und eines Ehrbegriffs, der sich vor allem auf die Erfüllung von Verpflichtungen gegenüber der Gemeinschaft, auf die Rechtfertigung des erworbenen Ansehens und Vertrauens sowie auf die Ausfüllung der jeweiligen sozialen Stellung bezieht, ist entsprechend groß. Werden zwischenmenschliche Interaktionen in diesem Zusammenhang betrachtet, erscheint jedes Lob oder Kritik als Äußerung zum Status im sozialen Netzwerk, dessen – informelles – Regelwerk der individuellen Verhaltensweise Halt und Orientierung vermittelt. Der öffentliche Entzug von Vertrauen oder der Vorwurf, dass jemand seine Position nicht pflichtgemäß erfüllt, kann für den Betroffenen einen Gesichtsverlust bedeuten und einen Verlust der inneren Persönlichkeit und der Identität stiftenden Stellung im sozialen Netzwerk.

Konfuzianismus – eine Religion?

Eine Definitionsfrage, über die sich wunderbar diskutieren lässt! Für ein „Ja" spricht sein immenser Einfluss, den er als fundamentale Tradition auf chinesische und andere ostasiatische

Gesellschaften hatte und ist in dieser Hinsicht durchaus vergleichbar mit den Effekten, die religiöse Bewegungen anderer Kulturen auslösen. Der Konfuzianismus bietet seinen Anhängern eine komfortable geistige Heimat einschließlich umfassender moralischer Verhaltensregeln und darüber hinaus – in seiner neo-konfuzianischen Ausprägung – eine verstehbare Erklärung der Welt, der menschlichen Natur etc. Der Glaube an konfuzianisches Gedankengut ist auch kein ausschließlicher; man kann der einen Tradition folgen, findet aber auch Nischen bei anderen Denkschulen; man kann Daoist sein, Christ, Buddhist und sich trotzdem zum Konfuzianismus bekennen. Die Vereinten Nationen haben den Konfuzianismus als Religion anerkannt, während die meisten Chinesen selbst ihn wohl eher als eine ethische Tradition, als moralischen Kodex oder schlicht ihr philosophisches Weltbild betrachten.

Aus christlich-abendländischer Sicht wird diese Einschätzung geteilt: Der Ahnenkult, Opfergaben, übernatürliche abstrakte Gottheiten, die Verherrlichung von Kaisern und Königen und dem Meister Kong selbst, all diese Rituale gehen zurück auf eine lange Geschichte chinesischen Aberglaubens lange vor Konfuzius und können damit schwer zur Definition des Konfuzianismus als Religion herangezogen werden. Auch die „Klassiker" des z. B. katholischen Glaubens, Werte wie Seele, Herz, Gnade oder das Leben nach dem Tod, wird man im konfuzianischen Modell nicht finden.

3.2 Daoismus

Der Daoismus – die Lehre vom „Weg" – ist nach dem Konfuzianismus die zweite große Denkschule, die China maßgeblich prägte und auf Religion und Geisteswelt der chinesischen Gesellschaft wesentlichen Einfluss ausübte. Wann genau der Daoismus entstanden ist, lässt sich nicht exakt darlegen; bis seine „historisch gesicherte" Form im 4. Jahrhundert v. Chr. feststand, hat er einen längeren Entwicklungsprozess durchlaufen. In seinem Gedankengut sind Strömungen des Altertums aufgenommen ebenso wie solche, die während der Zhou-Dynastie aktuell waren: dazu gehören die Vorstellungen vom Kosmos, die Fünf Wandlungsphasen, Yin und Yang sowie die Suche nach der Unsterblichkeit, einem zentralen Thema des Daoismus. Zur Zeit der „streitenden Reiche" im 6. Jahrhundert v. Chr. erlebte die daoistische Lehre – zusammen mit anderen Denkschulen – eine weitere Blütezeit. Politische Unruhen und zerstrittene Herrscherhäuser riefen die heimischen Philosophen auf den Plan, unablässig über Möglichkeiten nachzudenken, wie man durch übergeordnete Leitgedanken dem Reich der Mitte wieder zu Frieden und Stabilität verhelfen könne.

3.2.1 Der Begründer

Der geistige Vater des Daoismus, ein Herr namens **Laotse**, soll Zeitgenosse des Meisters Konfuzius gewesen sein, allerdings sind die biographischen Darstellungen über sein Leben und Wirken nicht eindeutig. Im Gegensatz zu seinem berühmten Kollegen ging es Laotse nicht um das aktive Ordnen der Gesellschaft, sondern um das Finden des Weges, des Dao.

„Da gibt es etwas Undifferenziertes und Vollkommenes, das schon existierte bevor es Himmel und Erde gab. Es ist klang- und formlos, es hängt von nichts ab und verändert sich nicht. Es ist überall tätig und frei von Gefahr. Man könnte es als die Mutter des Universums betrachten. Ich kenne seinen Namen nicht; ich werde es „Weg" nennen."

Diese und andere Überlegungen sind im Daodejing untergebracht, dem schriftlichen Nachlass des Laotse, analog zu den Analekten des Konfuzius. Das Daodejing umfasst heute zwei Bücher mit mehr als 80 Kapiteln und hat die Form einer Sammlung mystischer Aphorismen angenommen, die zu den unterschiedlichsten Kommentaren und Interpretationen verleiten. Die logisch aufgebaute Konstruktion einer Weltanschauung wird man hier nicht finden. Laotse verfeinert den Begriff des Dao bis hin zu seiner Bedeutung als Prinzip, das die ganze Welt durchdringt und allem Sein zugrunde liegt. Es ist seine höchste Wirklichkeit, das höchste Mysterium, kosmische Einheit und kosmisches Gesetz, das Absolute. Es bleibt undefinierbar, ist kein omnipotentes

Wesen, sondern der Ursprung und die Vereinigung der Gegensätze. Der Dao entzieht sich somit einer exakten Definition – eben durch die begriffliche Eingrenzung – und ist sowohl unbegrenzte Transzendenz, der Gegensatz von Sein und Nicht-Sein, als auch das dem Kosmos immanente Prinzip.

3.2.2 Die daoistischen Prinzipien

Das Wu wei

Eines der zentralen Konzepte der daoistischen Ethik besagt, dass die Menschen die Erscheinungsformen und Gesetzmäßigkeiten des Dao dann erkennen können, wenn sie den Lauf der Welt beobachten. Was wie eine Aufforderung zum passiven Erdulden klingt, ist vielmehr die Idee, dass die Harmonie zwischen Mensch und Natur nicht durch Verstand, Willenskraft und bewusstes Handeln erzielt wird, sondern auf mystisch-intuitivem Verhalten beruht.

Das Prinzip des Dao liegt in der Natürlichkeit, der Spontaneität und Wandlungsfähigkeit eines weisen Menschen. Er passt sich dem Lauf der Dinge an, übt keinen direkten Einfluss aus. Denn so ist der Kosmos: nichts steht fest, alles ist dem Wandel unterworfen; der weise Mensch erfüllt den Dao, indem er sich diesem Wandel, dem Wachsen und Werden anpasst. Dabei verwirklicht jedes Wesen spontan den eigenen Weg. Niemand greift in diesen Lauf der Dinge ein, es gilt als ethisch korrekt, Nicht-Eingreifen oder Nicht-Handeln zu „praktizieren". Die Dinge und ihr Verlauf ordnen sich selbst, es ist sinnlos, die menschliche Energie in Handlungen zu verschwenden und dem natürlichen Wirken des Dao entgegen zu wirken. Man sollte „geschehen" lassen können, um ohne große Kraftanstrengungen ans Ziel zu gelangen, da die selbst ablaufenden Vorgänge eben durch den Dao schon bestimmt sind. Diese Auffassung, das Prinzip der Handlung ohne Kraftaufwand, bezeichnet man als Wu wei. Die Weltanschauung eines Daoisten ist geprägt durch Gleichmut, Rückzug von weltlichen Angelegenheiten, die Relativierung von Wertvorstellungen wie Natürlichkeit und Spontaneität. Dem Dao zu folgen bedeutet, wahres, dauerhaftes Glück zu finden, während das Befassen mit weltlichen Gütern wie Reichtum oder Komfort den Niedergang der Tugend zur Folge hat.

Die Fünf-Elemente-Lehre

Die Fünf-Elemente-Lehre (auch: die Fünf Wandlungsphasen) ist eine daoistische Theorie der Naturbeschreibung; sie wird häufig auch als chinesisches Pendant zur abendländischen Vier-Elemente-Lehre nach Empedokles* bezeichnet. Die Übereinstimmung trifft dort zu, wo sich beide Theorien auf die archaische Auseinandersetzung des Menschen mit der Natur befassen und seine Orientierungssuche in der Welt beschreiben. Während aber die Vier-Elemente-Lehre den statischen Charakter allen Seins und die fundamentalen Bestandteile der Materie untersucht, befasst sich das daoistische Prinzip mit Gesetzmäßigkeiten, nach denen Prozesse (oder Wandlungen) ablaufen: das Werden, die Wandlung, das Vergehen. Eine ähnliche Idee wurde von einem der griechischen Fachleute in Sachen Philosophie verfolgt; Heraklit** formulierte diesen Denkansatz mit „panta rhei – alles fließt".

Die Doktrin beruht auf den fünf Elementen **Holz – Feuer – Erde – Metall – Wasser** und beschreibt mit der Interaktion dieser Elemente einen Prozessablauf oder Wandlungsverlauf, der sowohl generierende als auch einschränkende Zyklen enthält. Die schematische Darstellung zeigt die verschiedenen Aspekte der Wandlungsphasen; sie verlaufen dynamisch im Uhrzeigersinn:

Generierender Zyklus	Einschränkender Zyklus
Holz nährt Feuer	Holz teilt Erde
Feuer schafft Erde (Asche)	Erde absorbiert Wasser
Erde schafft Metall	Wasser löscht Feuer
Metall sammelt Wasser	Feuer schmilzt Metall
Wasser nährt Holz	Metall hackt Holz

---

* Empedokles (494/482–434/420 v. Chr.): Philosoph im antiken Griechenland; Verfechter der Naturphilosophie.
** Heraklit (540/535– 483/475 v. Chr.): gehört zu den Vorsokratikern und vertritt eine Philosophie des Logos und der Dialektik.

Zyklisch bedeutet in diesem Zusammenhang nicht die stetige, monotone Wiederholung, sondern beinhaltet bei jeder Wandlung eine nicht lineare Evolution: jeder Durchlauf des Prozesses verändert die Ausgangslage für den folgenden Durchlauf. Die Fünf-Elemente-Lehre hat nach wie vor großen Einfluss auf Praktiken des täglichen Lebens, darunter die Ernährung und die chinesische Küche, die sich nach den Prinzipien der fünf Elemente richtet. Weitere zentrale Anwendungsgebiete sind das Feng Shui sowie die traditionelle Medizin, deren Heilkunst auch auf einer Zuordnung der menschlichen Organe zu den fünf Wandlungsphasen basiert.

Yin und Yang

Das wohl bekannteste Symbol daoistischer Leitvorstellungen – Yin und Yang – beschäftigt uns in diesem Abschnitt. Die beiden Begriffe beherrschen die chinesische Philosophie, seit man versucht, die universelle Ordnung oder die Gesetze des Kosmos in einem ganzheitlichen Kontext zu erklären. Mal als Kräfte, mal als Substanzen interpretiert, bezeichneten Yin und Yang ursprünglich die Licht- und Schattenseite eines Berges – also zwei Erscheinungsformen ein und desselben Phänomens. Sie sind dadurch definiert, dass sie sich als Polpaar wechselseitig ablösen, ergänzen und dadurch die Wirklichkeit abbilden. Das Symbol repräsentiert die Gegensätze in der Natur schlechthin. Alle Eigenschaften, die im Universum existieren, sind zugleich konträr und komplementär. Sie können nicht getrennt voneinander, sondern nur als Ganzes betrachtet werden. Eingebettet in die daoistische Vorstellung vom Lauf der Welt, sind Yin und Yang zwei ausgleichende Kräfte der kosmischen Ordnung. Sie ergänzen sich in Einheit und Harmonie, sind keine Gegensätze, die sich bekämpfen. Der Einfluss von Yin und Yang betrifft alle Lebensbereiche, die traditionelle chinesische Medizin ebenso wie ökonomische Zyklen. Die Beziehung zwischen Yin und Yang verläuft dynamisch, nicht linear, darüber hinaus zyklisch und reversiv.

Yin steht dabei für weibliche Elemente (Mond, Wasser, Weichheit, Passivität usw.), Yang für männliche Elemente (Sonne, Feuer, Stärke, Aktivität usw.). Dieser Gedanke der Reversion hat großen Einfluss auf den Charakter der Chinesen und hilft ihnen Schwierigkeiten zu überwinden. So bleiben Chinesen in Zeiten des Wohlstands vorsichtig und in Zeiten extremer Not hoffnungsvoll.

Daoismus – Religion in der Praxis

Im Chinesischen selbst wird begrifflich fein unterschieden zwischen der religiösen Ausrichtung des Daoismus und seinen philosophischen Aspekten. Aufgrund des Facettenreichtums haben sich im Laufe der langen Geschichte seit seiner Entstehung die unterschiedlichsten Modelle, Praktiken und Lehren herausgebildet. Es gibt Hinweise darauf, den religiösen Daoismus als die praktische Anwendung der philosophischen Lehre zu interpretieren; die Komplexität des Themas wäre damit aber nur unzureichend wiedergegeben.

Ein Hauptmerkmal des religiösen Daoismus war – unabhängig von der Schule – die Suche nach Unsterblichkeit. Andere Praktiken wiederum haben ihren Ursprung im Altertum, wo man sich mit Fragen von Liturgie und Ritual, von Medizin, Alchemie, Moral und Meditation beschäftigte. Bis ins 20. Jahrhundert hat dieses uneinheitliche Bild der Lehre weiterhin Bestand. Nach seiner Unterdrückung in der Zeit der Kulturrevolution besinnt man sich nun auch auf offizieller Ebene auf das religiöse Erbe und das praktische Wissen in Bezug auf die Heilkunst. Klöster und Tempel sind gut besucht, es gibt Ausbildungsstellen für Mönche und Nonnen, darüber hinaus universitäre Forschungseinrichtungen für Daoismus. Die daoistischen Heiligtümer und Tempel sichern ihre ökonomische Unabhängigkeit dadurch ab, dass sie touristische Einrichtungen, Hotels etc. betreiben oder sich in öffentlichen Bereichen wie der Bildung oder dem Umweltschutz engagieren. Dies kommt der offiziellen Version des Daoismus in China sehr entgegen: staatliche Institutionen stellen besonders das Wohlwollen, den Patriotismus und seinen Dienst an der Öffentlichkeit heraus. Als Zentren des daoistischen Kults liegen Taiwan und Teile Südostasiens weit vorne. Praktizierende Daoisten befassen sich – je nach Strömung der religiösen Tradition – entweder mit Meditation und innerer Alchemie oder mit Tätigkeiten als Ritualpriester. Liturgisch geprägte Rituale werden zu vielen Anlässen durchgeführt: Familienfeiern, Hochzeiten, Begräbnisriten, auch Exorzismen oder Heilungen, die Einweihung einer neuen Götterstatue.

3.3 Legalismus

Der Legalismus (= die Schule des Gesetzes) war eine weitere der großen philosophischen Schulen zur Zeit der Streitenden Reiche (ca. 480–221 v. Chr.). Sein wichtigstes Prinzip ist das der Jurisprudenz mit dem Schwerpunkt auf einer pragmatisch politischen Auslegung der Philosophie. Einer der Mitgestalter des Legalismus war der Meister **Han Fei**. Nach seiner Einschätzung ist die menschliche Natur schlecht und kann auch durch Erziehung nicht verbessert werden. Der einzige Weg zur Wahrung von Macht sind Belohnung und Bestrafung. Damit widerspricht er deutlich den Thesen des Konfuzius, der von einem idealisierten Menschenbild ausgeht. Der Aufbau eines Beamtenstaates in der Qin-Dynastie geht auf die Aussagen des Legalismus zurück; wie wichtig dieser Aspekt für die chinesische Politik sein sollte, zeigt sich mit dem Fortbestand des meritokratischen Beamtentums bis 1912, der Gründung der Republik China.

Der Meister Han Fei hielt drei Aspekte der legalistischen Lehre für entscheidend, sollte sie als Staatsdoktrin eingesetzt werden:

(1) Macht: Es kann nur der Kaiser mit Macht regieren, der auch wirklich den Thron bestiegen hat. Erst in dieser Position hat er die Möglichkeit, das Volk zu beeinflussen.

(2) Methode oder Taktik: Tugend allein reicht nicht aus; der Herrscher muss verschiedene Methoden anwenden, um die Kontrolle über den Staat zu behalten; wichtig ist, dass niemand die Motivation des Herrschers ergründen kann und somit auch niemand wissen kann, mit welcher Taktik er möglicherweise den Herrscher überlisten kann.

(3) Gesetze: Die Gesetze müssen klar formuliert und der Öffentlichkeit bekannt gemacht werden; alle Menschen sind – bis auf den Herrscher – vor dem Gesetz gleich; Gesetze belohnen diejenigen, die sich gut verhalten und bestrafen solche, die die Gesetze brechen. Das System der Gesetze gilt für den Staat, nicht für den Herrscher.

Im Klartext: Die Anhänger des Legalismus betonten die Vorrangstellung des Staates vor der Autonomie des Individuums. Es besaß keine legitimierten Zivilrechte und alle persönlichen Freiheiten mussten dem Herrscher untergeordnet werden. Für Legalisten waren der einfache Mann aus dem Volk und sein Handeln schlicht bösartig und töricht.

In dieser stringenten Form wurde der Legalismus nur zur Zeit der Qin-Dynastie realisiert, mit den drastischen „Begleiterscheinungen" eines totalitären Gesellschaftssystems: Bücherverbrennungen, Sklavenarbeit und Hinrichtungen waren an der Tagesordnung. Mit dem Untergang der Dynastie hatte auch die letzte Stunde des Legalismus in dieser Form geschlagen. Die Philosophie des imperialistischen China kann man vielleicht beschreiben mit „Konfuzianismus außen – Legalismus innen", d. h. die strengen legalistischen Ideen wurden von einem Zuckerguss aus konfuzianischem Gedankengut übertüncht. Die späteren politischen Führer der Republik China, sowohl Mao Zedong als auch Deng Xiaoping, haben einige der legalistischen Methoden übernommen und das Konzept der Gesetzesschule weiter im Rennen gehalten.

3.4 Zusammenfassung

Auch wenn die individuellen Denkschulen Chinas in Einzelheiten erheblich voneinander abweichen, so teilen sie doch ein gemeinsames Basisvokabular.

Diese gemeinsamen Begriffe sind
- Dao: der Weg oder die Doktrin
- De: die Tugend und die Kraft oder Macht
- Li: das Prinzip
- Qi: Energie oder materielle Kraft
- Taiji: die große Himmlische Achse, die Einheit, das Konzept Yin und Yang

Die umstrittenen Themen sind
- die Beziehung zwischen Materie und Grundsatz
- die Methodik der Wahrheitsfindung
- die menschliche Natur

Zu den gemeinsam vertretenen Thesen gehören
- erkenntnistheoretischer Optimismus: der Glaube, dass die „großen Fragen" irgendwann beantwortet werden können, auch wenn dies derzeit noch nicht der Fall ist
- die Tendenz, den Mensch nicht als losgelöst von der Natur zu sehen
- die Tendenz, nicht eine personifizierte übernatürliche Macht als Gott zu beschwören. Die Fragen nach der Natur oder Existenz eines oder des Gottes haben westliche Philosophie beeinflusst, spielen aber in der chinesischen Variante keine große Rolle
- der Glaube, dass Philosophie Lebenshilfe für ethische und praktische Fragen liefert
- der politische Fokus: die Mehrzahl der Anhänger der „Hundert Schulen" hat versucht, den jeweiligen Herrscher von ihren Ideen zu überzeugen.

3.5 Vergleich zwischen abendländischer und chinesischer Philosophie

Die Schwerpunkte, die die abendländische und chinesische Philosophie setzen, sind in großen Teilen radikal verschieden voneinander. Der Einfluss, den beide auf die Mentalität ihrer jeweiligen Gesellschaft haben, ist immens. Westliche Denktraditionen sind nach außen gerichtet, die chinesischen nach innen.

Die abendländisch-westliche Philosophie ist gekennzeichnet durch:
- Ehrgeiz
- Individualismus
- Rationalität
- Macht
- Freiheit

Die chinesische Philosophie betont die folgenden Aspekte:
- Wohlwollen
- Harmonie
- Weisheit
- Familie
- Verehrung der Ahnen

In gewisser Weise verhalten sich westliche und chinesische Philosophie wie ihre jeweiligen Antithesen zueinander. Wo zum Beispiel Platon auf die Gültigkeit des Gesetzes großen Wert legte, da würdigte Konfuzius eine Gesellschaft auf Basis von ethischen Vorschriften. Während das Gedankengut der Aufklärung Freiheit und Demokratie fordert, da beruft sich der Legalismus auf die uneingeschränkte Loyalität des Volkes gegenüber einer imperialistischen Autorität. Wo Konkurrenzdenken ein Wesensmerkmal kapitalistischer Ideologie ist, bildet die Kooperation den Schlüssel zur Harmonie nach östlicher Philosophie. Westliche Philosophen bewerten in erster Linie Verstand und Vernunft, während ihre fernöstlichen Kollegen Meditation und Weisheit herausstellen. Was nicht bedeutet, dass chinesische Philosophie irrational ist; zieht man zum Beispiel die Denkschule der Logiker heran, deren Schwerpunkt auf wissenschaftlicher Rationalität beruhte, so klingt dies durchaus nach westlicher Orientierung. Im Gegenzug kann man auf westlicher Seite auch vereinzelte Thesen ausmachen, die die Betrachtung von Weisheit zum Thema haben, wie Marc Aurel, der die Meditation als den Schlüssel zu Weisheit und Verstehen sah.

3.6 Strategische Philosophie

Gerade auch im Hinblick auf das tiefere Verstehen und Erlernen der Verhaltensmuster chinesischer Geschäftspartner ist die Betrachtung des gesamten Rahmenwerkes chinesischer Geschäftskultur von großer Bedeutung. Mit dem Hintergrundwissen über die klassische chinesische Philosophie haben wir einen Baustein dazu geliefert; der zweite wichtige Part in diesem Mosaik ist die so genannte **strategische Philosophie**. Sie hat eine ebenso lange Tradition wie die Denkschulen aus der Zeit des Konfuzius und geht zurück auf einen der bekanntesten Generäle Chinas, Meister Sun (= Sunzi, Sun Tzu).

Sein Buch „Die Kunst des Krieges" gilt als eines der ersten über das Thema Strategie und hat darüber hinaus bis heute an seiner Aktualität nichts verloren. Hierin erläutert er, worin die eigentliche Kriegskunst besteht, wenn man denn in diesem Zusammenhang von einer Kunst sprechen möchte: Dabei ist der militärische Sieg über den Gegner als nachrangig zu betrachten; wichtiger ist ein Sieg mit diplomatischen Mitteln, oder die beste Lösung nach seiner Auffassung: die Anwendung von **Strategemen**. Ein Strategem beschreibt eine List oder einen manipulativen Kunstgriff in der Politik, beim Militär oder im Privatleben. Sein Erfolg liegt nicht nur im Wissen um das Vorhaben und die Vorgehensweise, sondern letztendlich auch im Einsatz einer List, einer Idee, die für den entscheidenden Vorsprung vor dem Konkurrenten sorgt.

Gerade im asiatischen Raum ist das Anwenden und Durchschauen von Strategemen eine Kunst, die hoch angesehen und gepflegt wird. Zhi, das bedeutet Weisheit oder List, d. h. wer die List anwendet, der ist auch weise. In der europäischen Tradition gelten solche Täuschungsmanöver als verwerflich, somit auch im Wirtschaftssektor als nicht angebracht. Womöglich ist dies aber der Grund, weshalb westliche Manager in Verhandlungen mit asiatischen Partnern schlecht abschneiden oder scheitern. Dabei haben sich einige europäische Strategen des Themas schon sehr erfolgreich angenommen: Machiavelli und seine staatsphilosophischen Betrachtungen in „Der Fürst" oder Napoleon Bonaparte. Ein Grund mehr, sich dem Konzept der Strategeme nicht ganz zu verschließen ... das eine oder andere wird Ihnen beim Business in China sicher über den Weg laufen! Die bekanntesten unter ihnen sind die **36 Strategeme**.

Zurück zu Meister Sun:

Die Mehrzahl der chinesischen Führungspersönlichkeiten, ob aus der Zeit der Königreiche oder dem 20. Jahrhundert, haben sich mit dem Strategietraktat von Herrn Sun Tze beschäftigt. Es existieren Publikationen, die sich mit den diversen Interpretationen dieses Militärklassikers vor allem im Hinblick auf strategisches Management auseinandersetzen. „Die Kunst des Krieges" und sein Leitfaden mit den 15 wichtigsten Prinzipien, das ist die Basislektüre für jeden Manager in China, der erfolgreich Geschäfte machen möchte.

Eines der obersten Prinzipien in Sun Tzes Strategiehandbuch ist das der Beschaffung und Sicherung von Informationen, von Wissen. Wie sagen wir selbst so treffend: Wissen ist Macht! Auf die reine Militärsprache bezogen, aber durchaus übertragbar in die Geschäftsfelder der Neuzeit, bündelt er im ersten Prinzip folgende Details: den moralischen Einfluss, den Rang, die Disziplin, das Klima!, das Terrain. Bis ins kleinste Puzzleteil informiert zu sein, bedeutet den Verhandlungspartner schon im Vorfeld durchschauen zu können und zu agieren, wenn es darum geht, durch Strategien Vorteile zu erringen.

Das zweite Prinzip befasst sich mit Führungsqualitäten: der Weisheit, der Aufrichtigkeit, der Menschlichkeit, dem Mut und der Strenge.

Sun Tzu glaubt, dass militärische Gewalt das letzte Mittel ist, um den Gegner zu besiegen. Er favorisiert den Kampf ohne Blutvergießen, mehr noch: die Vermeidung von physischem Kampf ist *die* entscheidende strategische Kunst. Der gute Stratege muss so geschickt manövrieren können, dass der Konkurrent vor einem Ausbruch der kriegerischen Auseinandersetzung zurückschreckt. Gleichzeitig darf der Stratege seine eigenen Ziele nicht aus den Augen verlieren. Er führt die Schlacht in den Köpfen, nicht auf dem Schlachtfeld. Der Gegner muss über die eigenen Taktiken und Pläne im Ungewissen bleiben, er darf keine Gegenmaßnahmen ergreifen können. Um den Feind auf eine falsche Fährte zu locken, täuscht man selbst Schwäche und Unwissenheit vor, behält die eigene Stärke im Verborgenen, bietet dem Gegner keine Angriffsfläche. Das bedeutet für den Konferenztisch: Man sollte sich bei Verhandlungssituationen nicht vom äußeren Eindruck täuschen lassen; auch wenn der Verhandlungspartner naiv, offen und vertrauensselig wirkt, kann man davon ausgehen, dass man es mit einem gut informierten und umsichtigen Gesprächspartner zu tun hat. Freundliche Zurückhaltung und scheinbare

Passivität verleihen einen sicheren Stand, von dem aus die Kraft harmonischer Ruhe auf den sich verausgabenden Gegner wirkt. Womit das Täuschungsmanöver dann auch geglückt wäre und der Gegner überheblich und unvorsichtig Angriffsfläche zum Gegenschlag bietet.

Im Gegensatz zum westlichen Entweder-oder-Denken wird in China die Freiheit des Sowohl-als-Auch geschätzt. Es existieren Grautöne in allen Schattierungen, nicht nur das klare Schwarz oder Weiß. Vielfältig sind die Möglichkeiten, erfolgreich mit den unterschiedlichsten Situationen umzugehen. Das Leben, die Realität ist ein Zyklus, ein fortlaufender Prozess, der sich spiralförmig in die Zukunft bewegt. Was heute hilfreich ist, kann morgen vielleicht schädlich sein, um dann, nach einer gewissen Zeit wieder nützlich zu werden, dem Prinzip des Yin und Yang folgend. Dementsprechend orientieren sich Chinesen weniger an fest vorgeschriebenen Methoden, sondern richten vielmehr den Fokus auf die jeweilige Situation. Welche Methode angemessen ist, wird nicht als Frage des Absoluten gesehen, sondern stattdessen situationsbedingt beurteilt.

Berühmtes Beispiel für diese Vorgehensweise der Kriegsvermeidung: die Chinesische Mauer! Sie wurde errichtet, um kriegerisch gesinnten Invasoren den Zugang ins Reich zu versperren, statt sich mit ihnen in endlosen Feldzügen verlustreiche Menschen- und Materialschlachten zu liefern.

Die 36 Strategeme

Die 36 Strategeme existierten bereits zu Zeiten der Ming- oder Qing-Dynastie. In ihrer ursprünglichen Form waren sie eine Sammlung von Redewendungen und Zitaten aus historischen Begebenheiten oder Legenden, in denen trickreiche Helden dank ihrer Kriegslist jeden Gegner besiegen konnten. In ihrer heutigen Bedeutung gehen Strategeme aber über die reine Kriegslist hinaus: Es sind strategische und taktische Grundanleitungen, wie man in schwierigen Situationen Ziele erreichen kann. Die philosophische Grundlage der chinesischen Strategeme bilden dabei die unter dem Daoismus aufgeführten Prinzipien Yin Yang und Wu Wei. Jedes einzelne Strategem, das nicht selten eine ganze Philosophie enthält, besteht dabei aus nur drei oder vier Schriftzeichen.

Die 36 Strategeme durften erst Jahre nach dem Tod Mao Zedongs veröffentlicht werden und haben seitdem Zugang zu vielen Bereichen des öffentlichen Lebens gefunden. Sie sind Gegenstand von Unterrichtsstoff, dienen als Grundlage für Cartoons und politische Analysen. Politiker bedienen sich ihrer genauso wie Schriftsteller oder Wirtschaftsfachleute. So gibt es Dutzende von Strategem-Büchern für Unternehmensführer. Im Gegensatz zu ihren chinesischen Kollegen sind westlichen Managern die Strategeme weitestgehend unbekannt und der Begriff der List spielt in der westlichen Managementliteratur kaum eine Rolle. Dies wird als einer der Gründe gesehen, warum Chinesen ihren westlichen Geschäftspartnern oft überlegen sind. Generell wird die List im westlichen Kulturkreis nicht beachtet oder bagatellisiert. Europäer tun sich schwer damit, eine List anzuwenden. Entweder halten sie listiges Verhalten von vornherein für verwerflich, oder sie planen ihre List so halbherzig, dass sie gleich durchschaut wird. Oft gilt es schon als unfein, das Verhalten anderer im Hinblick auf mögliche Listen zu analysieren.

Für diejenigen, die sich kundig machen wollen, hier eine Auswahl an Kategorien mit diversen Listtechniken:

Verschleierungsstrategeme: eine real existierende Wirklichkeit wird verhüllt, verschleiert. Klassisch also die Nummer 10: „Hinter dem Lächeln den Dolch verbergen"

Vorspiegelungsstrategeme: hier wird eine Wirklichkeit vorgegaukelt, die gar nicht existiert. In diese Kategorie gehört Strategem Nr. 29: „Auf einem dürren Baum künstliche Blumen blühen lassen"

Enthüllungsstrategeme: hier wird eine schwer zugängliche Wirklichkeit aufgedeckt. Strategem Nr. 13 sagt: „Auf das Gras schlagen, um die Schlangen aufzuscheuchen"

Besonders raffiniert ist hierbei die Vorgehensweise der Strategemverkettung; man verbindet einfach mehrere Strategeme auf einen Schlag miteinander und lässt das Gegenüber chancenlos, verblüfft, übertölpelt zurück.

Die Kenntnis der chinesischen Strategeme kann somit west-

lichen Managern helfen, die Listen ihrer chinesischen Geschäftspartner zu erkennen, zu durchschauen und – wenn notwendig
– zu durchkreuzen. Es geht darum, die in der westlichen Kultur
vorhandene Listenblindheit zu überwinden. Zugleich ermöglicht die listige Sichtweise einen anderen Blick auf Problemlö-
sungen.

3.7 Denkstruktur als Summe aus klassischer und strategischer Philosophie, Sprache und Schrift

Nachdem wir uns eingehend mit den verschiedenen Aspekten
chinesischer Philosophie befasst haben, wollen wir in diesem
Abschnitt die gewonnenen Kenntnisse zusammenfassen und die
Denkstrukturen des westlichen und chinesischen Kulturkreises
auf Basis dieser Daten ableiten; darüber hinaus liefern wir Hinweise auf die praktischen Auswirkungen dieser Unterschiede im
Hinblick auf das Verständnis von Wissenschaft, Kommunikation und Argumentation. Es ist jedoch bei aller Vollständigkeit der
Fakten niemals auszuschließen, dass die eine oder andere Situation – Business oder Alltag – nach völlig anderen Maßstäben
abläuft. Die chinesische Realität ist sehr komplex, vielleicht ge-
wöhnt man sich rechtzeitig auch den Begriff des „guoxing", die
chinesische Situation. Sollte etwas nicht nach dem Geschmack
Ihres Partners sein, so wird man sich mit dieser Redewendung
in die eigene Ecke zurückziehen. Es spielen so viele Variablen
eine Rolle in dieser Gleichung: Politischer, wirtschaftlicher und
rechtlicher Rahmen, der gesellschaftliche Wandel, nicht zu vergessen die chinesische Bürokratie, die Größe des Landes. Eine
mühsame, aber auch hochinteressante Formel, die es da zu er-
rechnen gilt.

Die Denktradition der abendländischen Aufklärung ist linear
strukturiert, auf ein Endergebnis ausgerichtet. Sie generiert somit
systematisches, planmäßiges und **deduktives Vorgehen**, ihre zentralen Begriffe sind Logik, Analyse und Ordnung. Nicht unmittelbar kausale Zusammenhänge sowie Wechselwirkungen zwischen
einzelnen Elementen eines vernetzten Systems, wie sie in China

Bereich	Westen	China
Philosophie/ Religion	Gekennzeichnet durch die Suche nach absoluter Wahrheit und logischen Erklärungen	Suche nach praktischer Lebenshilfe; Handlungsanleitungen z. B. durch Strategeme
	Es gilt die Lehre von den absoluten Ideen	Es gilt die Lehre von den Beziehungen zwischen den Dingen; Dualismus
	Glaube an einen Schöpfergott – er ist der Ursprung und das Ziel allen Seins	Einordnung des Menschen in eine Gemeinschaft; Grundsatz der Harmonie im Kosmos
	Idealismus und Fanatismus	Realismus und Pragmatismus
Schrift und Sprache	Abstrakte Begriffe	Bildhaftes Bezeichnen
	Grammatik mit Satzbau und Gesetzmäßigkeiten	Keine Grammatik
	Präzision, eindeutige Definitionen;	Sinn ergibt sich aus Zusammenhang; kreative Gefühlsebene gefragt
	Linear-sequentielle Satzstruktur	Vom Allgemeinen zum Spezifischen
Denkstruktur	Rational, systematisch; Linear	Intuitiv, mehrdimensional
	Ursache und Wirkungs-Kette	Wechselwirkung von direkten und indirekten Einflüssen
	Betonung der Objektivität; Widerspruchsfreiheit, Schlüssigkeit	Betonung auf Netzwerk und Beziehungen; Relativität; Analogien und Assoziationen
Typische Denkmuster	Analyse; Zergliederung von Gedanken	Ganzheitliche Einstellungen werden übermittelt

Die Unterschiede in den Denkstrukturen und ihr Einfluss auf die verschiedenen Felder von Kommunikation:

Bereich	Westen	China
Wissenschaft	Abstrakte Theorien über die Welt und ihr Funktionieren; Erklärungsmodelle; Suche nach neuen Erkenntnissen	Beziehungen und die Untersuchung der Wechselwirkungen mit dem Ziel, das Leben zu verbessern
	Frage: „Wie" und „Warum"	Frage: „Wozu" und „Wofür"
	Forschung nach neuen Dingen und neuen Methoden	Forschung, um bereits Bestehendes zu verbessern; verbesserte Methoden für bereits bekannte Materialien und Prinzipien
Verständnis von Intelligenz	Genaues Begreifen der Wahrheit mittels Theorien	Genaues Begreifen der Wirklichkeit anhand von Beispielen, Situationen
	Eigenständiges Denken steht im Vordergrund	Lernen, auch Auswendiglernen steht im Vordergrund
Kommunikationsstil	Direkt, offen;	Indirekt, personenbezogen;
	Sachbezogen;	Ritualisierend;
	Expressiv, dynamisch	Zurückhaltend, abwartend

	Monochron;	Polychron;
Planung	Vorbereitung der verschiedenen Ressourcen;	Personenbezogen (Vorbereitung der persönlichen Kontakte und Beziehungen);
	Präzision	Flexibilität
Argumentationsstil	Abstrakt und deduktiv (Ableitung von Kernaussagen); Schaffen von Kategorien und Hierarchien	Konkret und induktiv (durch Beobachtungen einkreisen); koordinierend und ganzheitlich
	Linear mit Ursache-Wirkungskette	Unscharf, dual, Wechselwirkungen
	Verstandesmäßige Überzeugung, die Kraft des Argumentes zählt	Überzeugung auf Gefühlsebene durch Kraft der Person
Problemlösungsstrategien!	Konflikte offen ansprechen und austragen;	Konflikte diplomatisch überwinden
	Problem erkennen, analysieren, klären;	Hinweis auf Problem durch Gesten, Symbole, Signale
	Sachliche Lösungsvorschläge;	Beziehung intensivieren;
	Neutrale Instanz (Gesetze, Anwalt)	Vermittler einschalten (gute Freunde, Bekannte)
	Sachziel erreichen	Gesicht wahren

Abb. 5: Abendland und China: Denkstrukturen im Vergleich

gängig sind und das dortige Denken beherrschen, bereiten uns Schwierigkeiten. So kommt es in der chinesischen Kultur wesentlich mehr auf das Ganze bzw. den Kontext an, der dem einzelnen Teil erst Sinn verleiht. Das **ganzheitliche Denken** verläuft zudem in Zyklen und Schleifen. Da ein Zyklus nicht auf einen letztendlichen Zielpunkt hinausläuft, wird der **Weg zum Ziel**. Während Rationalität also im abendländischen Kontext die sachbezogene Orientierung auf ein Endergebnis zur Grundlage hat, ist sie im chinesischen Kontext personenbezogen und prozessorientiert.

4. Die Kultur Chinas

„Die Chinesen sind nicht nur anders in vielen Dingen, sie sind vollkommen unverstehbar."
(*Houston Stewart Chamberlain*, engl. Philosoph, 1855–1927)

4.1 Einführung

Es sind einige Jahrzehnte vergangen, seit Mister Chamberlain seine Eindrücke so unmissverständlich formulierte. Dabei konnte er sicher nicht ahnen, dass diese Äußerung bis ins 21. Jahrhundert hinein kaum an Aktualität verlieren würde ... nicht nur, was die europäische oder westliche Perspektive betrifft; ähnliche Aussagen betreffen uns gleichermaßen aus dem sinozentrischen Blickwinkel. Dabei ist die besagte Andersartigkeit, die die kulturelle Identifikation Chinas ausmacht, das Ergebnis einer langen geschichtlichen Entwicklung und damit auch Fakt. Ob sie aber auch „vollkommen unverstehbar" bleiben muss, darf für einige ihrer Facetten mit Recht in Frage gestellt werden. Zentrale Träger von Kultur und Kommunikation, wie die chinesische Schrift oder Sprache, sind durchaus – wenn auch mühevoll – erlernbar. Gleiches gilt für die Verständigung über fremdartige Verhaltensmuster, denen man sich mit dem entsprechenden Detailwissen annähern kann.

Dieser und anderer Aspekte des Gesamtkunstwerks „chinesische Kultur" nehmen wir uns auf den folgenden Seiten an und führen Sie durch die spezifisch anzutreffenden Denkweisen, ihre Ausdrucksformen im Alltagsleben und den Einfluss auf weitere Bereiche des menschlichen Lebens. Hierbei handelt es sich um die Darstellung der charakteristischen Wesenszüge heutiger chinesischer Kultur, um zentrale Strömungen und Tendenzen. Eine Verallgemeinerung soll vermieden werden, da Kultur nicht zu allen Zeiten und in allen Regionen dieses Riesenreiches gleichmäßig ausgeprägt war und demzufolge – wie auch in anderen Ländern – zwischen kulturellen Idealen und der Lebenswirklichkeit beträchtliche Divergenzen bestehen können. Die hier aufgegriffenen Schlüsselkonzepte und Besonderheiten ergänzen damit auch unsere Herleitungen zu den philosophischen Grundgedanken und deren Auswirkungen auf neuzeitliche Weltanschauungsprinzipien.

4.2 Schlüsselbegriffe

Die unverzichtbaren Drei

Wir sprechen vom „Gesicht", den „Beziehungen" und der „Höflichkeit" als *den* zentralen Begriffen für das Verständnis chinesischer Denkstrukturen. Aufgrund ihrer Zugehörigkeit zum Abschnitt über die Philosophie haben wir sie dort entsprechend ausführlich behandelt. In welchem Ausmaß diese Leitideen und alle anderen Wesenszüge der chinesischen Kultur sich im Verhalten eines Einzelnen widerspiegeln, hängt von weiteren Faktoren ab, so zum Beispiel von der **Gruppenzugehörigkeit**.

Ein für Vertreter des westlichen Kulturkreises deutlich wahrnehmbares Unterscheidungskriterium ist die Einteilung in Familienmitglieder und Nicht-Familienmitglieder. Darauf folgt die Einteilung in „eigene Leute" und „Outsider"; beim Outsider darf dann erneut differenziert werden nach

- regionaler Herkunft,
- der Clan-Zugehörigkeit oder dem Familiennamen,
- der Zugehörigkeit zu sozialen Gruppen bis hin zur
- Zugehörigkeit zu einer Abteilung am Arbeitsplatz oder gar der
- Danwei-Zugehörigkeit.

Spätestens an dieser Stelle sind die Unterscheidungskriterien für Außenstehende kaum noch nachvollziehbar. Das **Gruppen- bzw. Insider-Outsider-Denken** innerhalb des gesellschaftlichen Lebens manifestiert sich damit an einer für Ausländer unübersichtlichen Grenze; dafür bleibt ihm eine letzte Sicherheit im Differenzierungsprozess: die absolut unproblematische Unterscheidung in ethnischen Begriffen: Chinese oder Nicht-Chinese.

Erwartungen und Verhalten werden entlang dieser Unterschei-
dungsmarken variiert; ihnen ist gemeinsam, dass Insiderinte-
ressen bis zur Kompromisslosigkeit gegen Outsiderinteressen
durchgesetzt werden und damit durchaus das Prinzip der Har-
moniepflege verletzen können. Innerhalb der jeweiligen Grup-
penzugehörigkeiten dominiert das bekannte Streben nach Harmonie und die Pflege des Gemeinwohls. Von dort ist es nur ein
kleiner Schritt zum nächsten chinesischen Leitvorstellung, dem
Kollektiv.

Seit jeher genießt das Leben und Handeln in der Gemeinschaft einen höheren Stellenwert als individualistisches Tun.
Diese Vorstellung rührt von der großen Bedeutung, die die Familie als Keimzelle der Gesellschaft besitzt. Daneben bilden die
so genannten Danweis, also Kollektive, die etwa in einer Dorfgemeinschaft organisiert sind, die Grundlage chinesischen Ge-
meinsinns.

Der **Danwei** sorgt für die – nach unserem Empfinden auch sehr
privaten – Belange seiner Mitglieder: Verteilung von Wohnung
und Arbeit, Bereitstellung lokaler Infrastruktur, Heiratserlaubnis,
Freizeitgestaltung und vieles mehr. Eine Mitgliedschaft im Danwei ist grundsätzlich lebenslang ausgerichtet, sie vermittelt die Sicherheit und hohe Identifikation mit allen Personen, die ihr angehören. Ein Wechsel ist normalerweise nicht vorgesehen.

Die Beziehungen sollen durch Loyalität und Solidarität untereinander gekennzeichnet sein sowie durch die Wahrnehmung
sittlicher Pflichten im Sinne des Konfuzius. Das Leben im Danwei war überwiegend in den ländlichen Regionen Chinas stark
ausgeprägt, vor allem in der Zeit Maos. Für die Bevölkerung
in den chinesischen Großstädten ist dieses System schon aufgrund der starken sozialen Veränderungen in den letzten beiden
Jahrzehnten nicht mehr beizubehalten, da ein Individuum aufgrund unterschiedlicher Lebensbereiche (Wohnen – Arbeit) unterschiedliche Danwei-Aufgaben wahrnehmen müsste.

Dennoch gilt das Kollektiv-Denken weiterhin stark für die
Freizeitgestaltung, wo gemeinschaftliche Aktivitäten den individuellen vorgezogen werden. Der im Westen so hoch geschätz-
ten „Privatheit" kommt in China ein deutlich geringerer Stellen-

wert zu. So werden zum Beispiel unangemeldete Besuche oder zudringliche Fragen innerhalb des eigenen Danweis problemlos akzeptiert.

Hierarchiebewusstsein

Im einführenden Kapitel über Konfuzius haben wir dessen Idee über die Rangverhältnisse menschlicher Beziehungen und den daraus resultierenden Vorstellungen zur Hierarchie erläutert. Auch heute ist hierarchisches Bewusstsein tief im Denken der meisten Chinesen verankert. Man hat seinen festen Platz innerhalb einer Rangordnung und es wird erwartet, dass diese Ordnung sowohl innerhalb einer Gruppe als auch von Externen beachtet wird. Nicht selten helfen Statussymbole dabei, den Rang symbolisch zu untermauern … ein in westlichen Kreisen durchaus bekanntes Phänomen. Welche Auswirkungen Hierarchiegefüge auf die Sitzordnung bei einer Konferenz o. ä. haben, haben wir im Abschnitt über Business Etikette dargestellt. Änderungen in der äußeren Sitzordnung können als Verschiebungen im Machtgefüge gedeutet werden.

Selbst bei einem Geschäftstreffen, das von Wortbeiträgen lebt, ist es zweitrangigen Delegationsmitgliedern nicht gestattet, sich einzubringen. Dies erfolgt nur mit ausdrücklicher Erlaubnis des Delegationsleiters. Diese dürfen von der Gegenseite ebenfalls nur von ihresgleichen angesprochen werden, die strikte Einhaltung der Rangfolge hat Priorität. Gastgeschenke sollten in ihrer Wertigkeit die angesprochenen Rangunterschiede innerhalb einer Delegation widerspiegeln.

Ritualisierung

… ein Grundbaustein der chinesischen Kultur. Die Mehrheit alltäglicher Handlungen und Prozesse unterlag und unterliegt weiterhin einem strikt einzuhaltenden Regelwerk. Dieses Verhaltensraster ist traditionell verankert durch die Vorgaben eines Meisters (wie Konfuzius z. B.). Das Befolgen der Rituale erwächst aus der oben geschilderten Wahrung von Hierarchie: das, was der Meister (der Lehrer, der Ältere) sagt, sollte stets befolgt werden. Das Kapitel 5 über Traditionen und Brauchtum sowie der Philosophie des Konfuzius widmen sich diesem Aspekt chinesischer Kultur.

Diesseitigkeit

Ein aus christlich-abendländischer Sicht ungewöhnlicher Gedanke und fundamentaler Wesenszug der chinesischen Kultur: die starke Ausrichtung auf das Diesseits. Seine stärkste Ausprägung findet sich im Konfuzianismus wieder. Fragen wie Aufbau und Herkunft des Universums, das Schicksal der Seele oder die typischen westlichen Themen wie Sünde und Erlösung stehen hier nicht im Vordergrund. Meister Kong hat sich vorwiegend mit dem Zusammenleben der Menschen im Hier und Jetzt und den praktischen Grundsätzen der Sittlichkeit befasst.

Dies erklärt auch den Wunsch vieler Chinesen nach einer möglichst langen Dauer des Lebens; ein besseres Leben nach dem Tod steht gar nicht zur Debatte. Den Tod bewerten gerade die Anhänger des Konfuzius als negativen Einschnitt, der traditionelle Ahnenkult belegt dies eindrucksvoll: Das Ritual dient in erster Linie dazu, die Seele des Verstorbenen vor Bedrohungen im Jenseits zu schützen, denn deren Folgen könnten möglicherweise auf die Hinterbliebenen zurückfallen. Die Steigerung von Langlebigkeit, die auch immer wieder durch die entsprechende Symbolik ausgedrückt wird, ist die Unsterblichkeit, die vor allem bei den Daoisten angestrebt wird.

Die Diesseitsorientierung erklärt viele Verhaltensweisen: Lebt man nur einmal im Hier und Jetzt, so ist dies Motivation genug, sich um materielle Wünsche zu kümmern, um Glück, Reichtum, eine gute berufliche Stellung, männliche Nachkommen. Man wünscht sich „Zehntausendfaches Glück" zu jeder Gelegenheit und betet im Dorftempel zum Gott des Reichtums. Was zur Zeit des Konfuzius noch als großer Ansporn galt, nämlich die Erlangung des Beamtenstatus, lässt sich heutzutage mühelos auf den Wunsch vieler junger Chinesen übertragen, einen lukrativen Job in einer international tätigen Firma anzunehmen. Wirtschaftliches und politisches Interesse, Engagement, Fleiß und Erfolg werden zu starken Motiven eigenen Denkens und Handelns – womit das Kriterium des Handelns für das Gemeinwohl, den Staat, schon eingeschränkt wird und sich sicher nur auf das Wohlergehen der eigenen Kleingruppe beziehen kann. Es ist durchaus möglich, im Geschäftsleben mit areligiösen oder religiös indifferenten Chinesen zu tun zu haben. Man sollte sich dessen bewusst sein und von Anfang an auf gute persönliche Kontakte und Vertrauen bauen; sie könnten für den geschäftlichen Erfolg entscheidend sein im Dickicht formaler Rechtsunsicherheit oder behördlicher Willkür.

5. Traditionen und kulturelle Elemente im chinesischen Alltag

Mit unseren Ausführungen zu den Business Codes (Kapitel 6) streifen wir so etwas wie die Spitze des Eisbergs im sozio-kulturellen Gefüge Chinas. Die spezifischen Verhaltensformeln im Geschäftsleben zeigen nur einen Teil dessen, was die Komplexität des chinesischen Alltags- und gesellschaftlichen Lebens ausmacht. Wir sprechen von verbalen und nonverbalen Elementen im Ausdruck traditioneller Werte, oder von Zeremonien und Ritualen. Trotz der politischen und wirtschaftlichen Öffnung zum Westen werden sie immer noch – oder sogar noch mehr denn je – als wichtiger Bestandteil östlicher Philosophie gepflegt. Die Kombination aus Moderne und Vergangenheit bedeutet in China keinen unlösbaren Widerspruch; die Sowohl-als-auch-Praxis setzt sich damit deutlich gegen westliche „Entweder-Oder" Verhaltensmodelle ab.

Die gesellschaftlichen Gepflogenheiten oder Phänomene, die wir auf den kommenden Seiten schildern werden, sind nichts weiter als die analoge Übersetzung der Schlüsselkonzepte chinesischen Denkens in alltägliche Rituale.

Viele unserer rituellen Gewohnheiten sind religiös verankert wie die Gottesdienste zu Ostern oder Weihnachten. Andere haben weltlichen Charakter, wie zum Beispiel Begrüßungsrituale oder Feiern im Familienkreis. Ihnen allen ist gemeinsam, dass sie nach vorgegebenen Regeln ablaufen. Gesten und Wortformeln folgen einem festgelegten Muster und bilden so für alle Beteiligten einer kulturellen Gruppe die Grundlage zum Verständnis ihrer Handlung. Sie vereinfachen Kommunikation und dienen dem Ausdruck von Gemeinschaftlichkeit und Einheit.

Über die Bandbreite alltäglicher und aktueller Brauchtümer im Reich der Mitte sollen uns die folgenden Abschnitte aufklären: Wir blicken auf das, was der China-Neuling bisweilen unter „exotisch" bis „unverständlich" registriert. Zum Einstieg in ein facettenreiches Thema wählen wir einen Ausschnitt aus dem Roman „Das Tuschezeichen" von Amy Tan; der thematische Oberbegriff ist jeweils in Klammern aufgeführt.

„Die Hochzeit *(traditionelles Fest)* sollte im Dorf Unsterbliches Herz *(Namensgebung)* stattfinden, gleich nach Beginn des neuen Jahrs des Drachen *(Kalender/Astrologie)*. Es war ein nüchterner Frühlingstag. Auf dem Boden lagen blanke Eisplatten. Morgens kam ein Fotograf in die Praxis des Knochenheilers *(Naturphilosophie)* im Mund des Berges. Er hatte sich einen Monat zuvor den Arm gebrochen, seine Bezahlung bestand nun in einer Fotografie von Liebster Tante an ihrem Hochzeitstag *(Guanxi)*. Sie trug ihre beste Winterjacke, die einen hohen, pelzbesetzten Kragen hatte, und eine bestickte Mütze. Sie musste lange in die Kamera blicken, und während dessen dachte sie daran, wie sich ihr Leben bald für immer ändern würde. Sie spürte Gefahr heraufziehen, konnte sie aber nicht benennen. Sie strengte sich an, weit in die Zukunft zu blicken, konnte aber nichts erkennen. Für die Fahrt zur Hochzeit zog sie ihr Hochzeitsgewand an: eine rote Jacke und ein roter Rock *(Farbsymbolik)*, dazu der ausgefallene Kopfschmuck mit einem Schal, den sie sich um den Kopf binden musste, sobald sie das Haus ihres Vaters verließ. Der Knochenheiler hatte sich Geld geliehen, um zwei Maultierkarren zu mieten, einen, um die Geschenke für die Familie des Bräutigams zu transportieren, den anderen für die Truhen mit den Decken und der Kleidung der Braut. Für die Braut selbst gab es eine geschlossene Sänfte. Der Knochenheiler musste dazu noch vier Sänftenträger anstellen, zwei Fuhrleute, einen Flötenspieler und zwei Leibwächter, die nach Banditen Ausschau hielten. Für seine Tochter hatte er nur das Beste besorgt: die schickste Sänfte, die saubersten Karren, die stärksten Wachen mit echten Pistolen und Schießpulver. In einem der Karren war die Mitgift, das Glas Opium und das Glas mit Drachenknochen, der letzte Rest seines Vorrats. Er versicherte seiner Tochter viele Male, sie solle sich keine Gedanken wegen der Kosten machen. Nach der Hochzeit würde er zum Affenmaul gehen, um wieder Knochen zu sammeln …"

Die Autorin Amy Tan hat chinesische Wurzeln und verarbeitet in ihrem Roman die eigene Familiengeschichte. Sie schickt ihre weibliche Hauptfigur in das ländliche China zu Beginn des 20. Jahrhunderts. Das Besondere an dieser kleinen Episode ist, dass hier auf engstem Raum fast alle Aspekte traditionellen und modernen Brauchtums spielerisch kombiniert werden: Guanxi, eines der Schlüsselkonzepte im chinesischen Wertesystem; Elemente der Tier- und Farbsymbolik; die Eigenheiten der Sprache und sowie die Namensgebung. Ein weiteres Schüsselkonzept chinesischer Denktradition, das Li (oder die Kunst der Etikette und des Rituals), wird hier in Form einer Hochzeitszeremonie aufgegriffen. Mit dem Thema Feierlichkeiten wollen wir unseren Überblick zu chinesischem Brauchtum beginnen:

5.1 Nationale Feiertage und Familienfeste

Die traditionellen chinesischen Feste richten sich seit 1912 nach dem Gregorianischen Kalender, bis dahin galt der Mondkalender. So unterschiedlich das Motiv der Veranstaltung auch ist, in ihrer Ausführung sind sie alle lebhaft, laut und bunt bis dekadent. Dies rührt noch aus der Zeit, als gesellschaftliche Feiertage willkommener Anlass waren, um dem schweren bäuerlichen Leben für ein paar Tage zu entrinnen. War es zu Zeiten der Kulturrevolution verboten, sich ausschweifenden Festivitäten hinzugeben, so fand man schnell zur überschwänglichen Form des Feierns zurück ... und freut sich auf die diversen Höhepunkte im Jahresablauf.

Als das Fest der Feste kann man zweifelsohne das **Neujahrs- bzw. Frühlingsfest** anführen; es markiert, wie der Name schon sagt, den Anbruch eines neuen Jahres und ist in seiner Dimension mit hiesigen Weihnachtsbrauchtümern zu vergleichen. Das Neujahrsfest (zwischen 21. Januar und 21. Februar) ist zugleich einer der drei Termine, die man in China unter dem Begriff „Goldene Wochen" kennt. Zu diesen Gelegenheiten feiert das ganze Land; in Ermangelung eines individuellen Urlaubsanspruches der Arbeitnehmer nach europäischem Muster wird die „Auszeit" in Abstimmung mit den Feiertagsregelungen des Staatsrates genommen. Die Feierlichkeiten dauern landesweit bis zu einer Woche; der massive Arbeitsausfall, den die Wirtschaft in dieser Zeit beklagt, wird durch das intensive Konsumverhalten im Freizeitsektor mehr als ausgeglichen ... vergoldet eben.

Was gehört zu einem gelungenen Neujahrsfest?

Wie nicht anders zu erwarten, wird einem Festessen im Familienkreis größte Bedeutung beigemessen. Speisen in geselliger, ausgelassener Runde ist in China Kultur. So trifft man sich am Vorabend des neuen Jahres, also dem „Silvesterabend", um mit der Familie die regionalen Spezialitäten zu genießen. In Nordchina werden überwiegend „Jiaozi" – gefüllte Teigtaschen – serviert, im Süden des Landes kredenzt man „Niangao", kleine Reiskuchen.

Die eigenen vier Wände werden für das Fest bunt geschmückt. Am Hauseingang werden Papierfahnen drapiert, auf denen das Glück im neuen Jahr willkommen geheißen wird. Um Mitternacht wird es dann laut: die Meister der Pyrotechnik lassen es richtig krachen, der Lärm ist wichtig, nicht die Komposition der Farben oder Feuerwerksfiguren. Denn nur mit der richtigen Lautstärke werden böse Geister vertrieben und gute gerufen. Wem dieses Spektakel nicht an Leib und Leben geschadet hat, der ist angehalten, bis zum Morgen durchzufeiern, dies verheißt nach der Überlieferung ein langes Leben.

Die Tage nach dem Neujahrsbeginn stehen ganz im Zeichen von wechselseitigen Besuchen im Freundes- und Familienkreis. Kinder erhalten kleine Geldgeschenke in roten Umschlägen und revanchieren sich gegenüber den Älteren mit wiederholten Wünschen zu Glück und Gesundheit.

Hinweis an Nicht-Chinesen: Es empfiehlt sich, im Zeitraum des Neujahrsfestes keine wichtigen Geschäftsreisen nach China zu planen. Das Land befindet sich sowohl emotional als auch infrastrukturell im Ausnahmezustand. Wo Millionen Menschen sich aufmachen, um Verwandte in anderen Teilen des Landes aufzusuchen, ist das Verkehrschaos unausweichlich. In den letzten Jahren nutzen viele Chinesen diese Festtage, um ihren „Urlaub" mit einer kleinen touristischen Reise auszudehnen. Die Nachfrage nach Zug- und Flugtickets ist groß. Für diejenigen, die „just for fun" im Lande unterwegs sind, bietet sich natürlich ein farbenprächtiges Szenario. Lohnenswert ist ein Besuch der klassischen Neujahrsmärkte, die wohl am ehesten mit unseren Weihnachtsmärkten verglichen werden können.

Den Abschluss der Neujahrsfeierlichkeiten bildet ein weiteres traditionelles Fest, das **Laternenfest**. Zum Laternenfest versammeln sich die Familien noch ein weiteres Mal, um gut zu essen, um ihren Spaß zu haben. Darüber hinaus werden vor allem auf dem Land volkstümliche Darbietungen veranstaltet, es werden klassische Tänze dargestellt, Musiker und Literaten stehen auf den Bühnen. Als Namensgeber dieses Festes gilt alle Aufmerksamkeit den Ausstellungen von Laternen und Vorführungen eines besonderen volkstümlichen Kunsthandwerks, dem Laternenbau. Die Handwerksmeister lassen die Vielfalt ihrer Kreationen aus Papier, Seide und Plastik gern bestaunen. Besonders beliebt sind Laternen in der Form von Drachen, Blumen oder dem jeweiligen horoskopischen Jahrestier. Auch das Laternenfest verabschiedet sich mit einem gewaltigen Feuerwerk.

Mit dem **Drachenbootfest** im Juni begeht man in China ein weiteres geschichtsträchtiges Ereignis. Der Legende nach wird mit diesem Fest eines Dichters und hochrangigen Beamten namens Qu Yuan im Chu-Reich gedacht; dieser soll sich aus Verzweiflung über seine Amtsenthebung und fehlgeschlagenen patriotischen Anstrengungen im Fluss ertränkt haben; Einwohner und Fischer suchten mit drachenförmigen Booten nach ihm, gaben Wein und Lebensmittel ins Wasser, um den Toten vor gefräßigen Wassertieren zu schützen. Heutzutage sind die Umstände des Festes weniger dramatisch; viel lieber versammelt man sich zu einer Drachenbootregatta und kombiniert so die altertümliche Sitte mit modernen Elementen der Freizeitunterhaltung.

Mittlerweile ist das Drachenbootfest so populär, dass man die Regatta-Rennen zu den offiziellen chinesischen Wettkampfdisziplinen zählt und jährlich einen Drachenboot-Cup austrägt, der den Namen seines tragischen Erfinders Qu Yuan führt. Keine körperliche Anstrengung ohne unterstützende Maßnahmen aus der Küche: Der beliebteste Imbiss anlässlich der Drachenbootrennen sind die so genannten „Zongzi", eine mit unterschiedlichen Füllungen, süß oder pikant, zubereitete Teigtasche. Und kein Fest ohne Aufmerksamkeiten oder Geschenke: in diesem Fall schmückt man die Kinder mit selbst gefertigten Ketten, an denen Seidensäckchen hängen, die mit Heilkräutern und Aromastoffen gefüllt sind. Auf diese Weise sollen Seuchen ferngehalten werden.

Das **Mondfest**, auch Mittherbstfest genannt, gehört zu den wichtigsten traditionellen Anlässen in China; über seine Entstehung existieren natürlich Geschichten in allen möglichen Variationen. Wir erzählen die folgende: In grauer Vorzeit gab es im Himmel zehn sengende Sonnen. Die Ernte verdorrte, das Volk erlebte Hungersnöte. Ein mutiger Mann namens Hou Yi bestieg den Gipfel des Kunlun-Berges,* spannte den Bogen und schoss auf einmal neun Sonnen herunter. Er befahl der letzten Sonne, jeden Tag pünktlich auf- und unterzugehen, was dem Volk zum Wohl gereichte. Deshalb wurde er vom Volk verehrt und respektiert. Viele Leute, darunter Peng Meng, gingen zu ihm in die Lehre.

Hou Yi hatte eine schöne Frau namens Chang'e. Eines Tages ging Hou Yi zum Kunlun-Berg, um einen Freund zu besuchen. Dort traf er auf die Himmelskaiserin. Diese gab ihm ein Lebenselixier und sagte ihm, wenn er das Elixier eingenommen habe, werde er unsterblich sein und zum Himmel steigen können. Da er es nicht übers Herz bringen konnte, seine Frau im Stich zu lassen, gab er seiner Frau das Elixier zur Aufbewahrung. Eines Tages nutzte Peng Meng die Gelegenheit der Abwesenheit von Hou Yi und zwang Chang'e mit dem Schwert, ihm das Elixier herzugeben. In dem Bewusstsein, Peng Meng nicht entkommen zu können, schluckte Chang'e das Elixier. Sogleich flog sie aus dem Fenster zum Mond, und Peng Meng musste fliehen.

Nach Hause zurückgekehrt, erfuhr Hou Yi, was geschehen war. Er verfiel in tiefe Trauer und rief den Namen seiner Frau zum Himmel. Erstaunt entdeckte er, dass der Mond in dieser Nacht besonders hell und rund war und dass es im Mond den Schatten eines Menschen gab, der seiner Frau ähnelte. Er eilte mit aller Kraft dem Mond nach. Doch so sehr er sich auch bemühte, er konnte ihn nicht erreichen.

Hou Yi dachte jede Nacht an seine Frau. Er ließ im Hintergarten, wo sich Chang'e oft aufgehalten hatte, einen Tisch mit Weihrauchstäbchen und Früchten, die Chang'e gern aß, aufstellen, um Chang'e im Mondpalast zu opfern. Als die Leute davon erfuhren, dass Chang'e zum Mond geflogen war, stellten sie auch

---

* Kunlun: Gebirgskette in China

im Mondschein einen Tisch mit Weihrauchstäbchen und beteten zu Chang'e.

Am 15. Tag jedes Mondmonats hat man Vollmond. Am 15. Tag des 8. Mondmonats ist der Mond besonders hell und rund. Nach dem Mondkalender ist diese Zeit Herbst, wo Getreide und Obst reifen. Am Abend des Mondfestes sitzen Verwandte oder Freunde zusammen, um den Mond zu bewundern oder ihm zu Ehren singen. Das Mondfest ist in Anlehnung an seine Entstehungsgeschichte natürlich auch der Anlass, zu dem getrennte Partner einander gedenken.

Das Mondfest wird je nach Ort auf unterschiedliche Art und Weise gefeiert. Allen Ritualen ist der Wunsch der Menschen nach einem glücklichen Leben gemeinsam. Die wichtigsten Zeremonien bis heute sind die Bewunderung des Mondes und das Speisen von Mondkuchen.

Die Kinder – Das Ein-Monats-Fest

Die zentrale Bedeutung der Familie innerhalb der chinesischen Gesellschaft ist unbestritten. Als Keimzelle menschlicher Netzwerke ist sie für das Wohl der gesamten Nation verantwortlich. Dass die Geburt und Erziehung von Kindern damit in den Fokus des familiären Geschehens rücken, ist selbstverständlich. Alle Bräuche und traditionellen Praktiken, die das Ereignis „Schwangerschaft" und „Geburt eines Kindes" begleiten, basieren auf dem Wunsch, das Kind bestmöglich zu schützen. Die werdende Mutter „hat Glück", was dem westlich veralteten „sie ist guter Hoffnung" sprachlich schon sehr nahe kommt. Die Schwangere wird nach allen Regeln der Kunst umsorgt und gepflegt, es darf ihr an nichts mangeln; nährstoffreiche Lebensmittel und Rezepte der traditionellen chinesischen Medizin stehen im Vorsorgeplan einer zukünftigen Mutter.

Nach der Geburt des Kindes ist die Frau für mindestens einen Monat angehalten, das Bett bzw. das Haus zu hüten. Weder Kälte, noch Wind oder schmutzige Luft sollen die Erholungssuchende schwächen, denn eine instabile Gesundheit während des „Mutterschutzes" hätte ja Folgen für ihr zukünftiges Leben und somit auch für das des Kindes und der ganzen Familie.

Das erste wichtige Ereignis im Leben eines Neugeborenen ist die „Ein-Monats-Feier". In buddhistisch oder daoistisch orientierten Familien werden am 30. Tag nach der Geburt des Babys den Göttern Opfer gebracht, um so ihren Schutz zu erbitten. Freunde und Verwandte werden über die Ankunft des neuen Familienmitgliedes informiert. Dem Brauchtum folgend, erhalten diese Geschenke von den Kindeseltern! Die Art der Geschenke variiert von Region zu Region, aber rot gefärbte Eier sind sowohl für Städter als auch für ländliche Regionen ein „Muss". Sie symbolisieren die permanenten Wechsel im Leben; ihre ovale, geschlossene Form steht für Harmonie und ein glückliches Leben, die rote Farbe ebenso als Zeichen von Glück. Neben den Eiern kommen Kuchen, Hühnchen oder Schinken als Geschenk zum Einsatz. Nach dem chinesischen Verständnis von Zahlensymbolik werden die Geschenke nur in gerader Zahl verteilt.

Natürlich erhalten auch die frisch gebackenen Eltern Geschenke von Verwandtschaft und Freundeskreis. Es sind vor allem praktische Gegenstände, Dinge des täglichen Lebens, die dem Kind zugute kommen. Das beliebteste Mitbringsel ist nach wie vor der gute alte Umschlag inklusive Geldschein (in China ist er – das kommt nicht überraschend – aus rotem Papier gefertigt). Die Ein-Monats-Feier endet, wie zahlreiche gesellschaftliche Ereignisse in China dies tun, mit einem opulenten Fest im eigenen Heim oder in einem Restaurant.

Die Älteren

Die nächste wichtige Geburtstags-Party, die nach den Feierlichkeiten zum Ein-Monats-Fest ansteht, ist der 60. Geburtstag. In der chinesischen Kultur markieren 60 Jahre einen Lebenszyklus und der Beginn des 61. Lebensjahres ist dem Start in einen neuen Zyklus gleichzusetzen. Es wird erwartet, dass man nach 60 Jahren eine große Familie sein Eigen nennt, mit vielen Kindern und Enkeln (solange dies die Staatsräson zulässt). Es ist das Alter, auf das man stolz sein soll.

Da der „60." als wichtiger Punkt im Leben eines jeden Menschen betrachtet wird, wird die zugehörige Feier opulent ausgestattet. Nach dem 60. Geburtstag feiert man im 10-Jahre-Rhyth-

mus, also den 70. oder 80. Geburtstag usw. Je älter das Geburts-
tagskind ist, desto größer fällt die Feier aus. Zumeist sind es die
erwachsenen Kinder, die die Feierlichkeiten für ihre Eltern aus-
richten und den Jubilaren damit Respekt und Anerkennung für
ihre Lebensleistung zollen. Nach altem Brauch bietet man einen
Festtagsschmaus an, der symbolisch positiven Charakter hat:
eine Schüssel mit langen Nudeln für ein langes Leben. Wie auch
auf den Kleinkindpartys, gehören wieder die rot gefärbten Eier
zur guten Wahl, wenn es um symbolträchtige Nahrungsmittel
geht. Um die Feier abzurunden, werden Freunde und Verwandte dazu geladen, die ihrerseits mit dem Vertilgen einer Portion
Nudeln ihren Beitrag für ein langes Leben des Geburtstagskin-
des leisten. Eine weitere Glück bringende Nascherei sind Pfirsi-
che, rund und rosig zwar, aber nicht aus Fruchtfleisch, sondern
aus gedämpftem Weizenmehl mit süßlicher Füllung. Zusammen
mit den langen Nudeln, den Eiern und ausgewählten Präsenten
wie Wein oder Geld (im roten Umschlag) machen sie den 60. Geburtstag vollkommen.

Hochzeit

Zwischen dem Ein-Monats-Fest und dem 60. Geburtstag ist
eine gute Strecke zurückzulegen ... eine zu große vielleicht, um
sie nicht mit einer weiteren persönlichen Feier aufzulockern; was
bietet sich da besser an als eine Hochzeit, die ja auch den Grund-
stein für die eben beschriebene 60-Jahre-Geburtstagsfeier mit einer großen Familie legen soll.

Eine Hochzeitsfeier im heutigen China zeigt vielleicht am deutlichsten, wie man moderne Elemente in das Festkonzept mischen
kann, ohne dabei auf traditionelle Riten und Symbolik verzichten zu müssen. Da werden zum einen Hochzeitskoordinatoren
nach westlichem Vorbild engagiert, die den Eventcharakter betonen sollen. Darüber hinaus folgt man gerne den Vorgaben chinesischen Brauchtums.

Dies manifestiert sich zum Beispiel im Gebrauch der traditio-
nellen Glücksfarbe: Rot symbolisiert im Reich der Mitte Liebe,
Freude, Reichtum und wird auf alle erdenklichen Weisen in das
Konzept der Hochzeit integriert. Das offizielle Hochzeitsgewand

der Braut ist rot, rot sind auch die Einladungen, die Geschenk-kartons oder die Umschläge mit Bargeldpräsenten. Selbst das Haus der Brautleute wird am Tag der Hochzeit rot dekoriert.

Vor den Hochzeitsfeierlichkeiten verbringt die chinesische Braut gewöhnlich noch einige Zeit mit ihren besten Freundin-nen und Freunden, eine Art langer „Junggesellen-Abschied", eine Zeit des „Trauerns", bevor man die lieben Menschen aus Familie und Freundeskreis verlässt, um Ehefrau zu sein. Die Tage direkt vor der Hochzeit sind dazu bestimmt, dass die Familie des Bräu-tigams Geschenke – in roten Körben oder Kartons – zum Haus der Braut trägt. Sie enthalten persönliche Gegenstände für die Braut, damit sie alles Notwendige in ihrem zukünftigen Lebens-bereich vorfindet. Drei Tage vor der Hochzeit revanchiert man sich für alle Geschenke aus dem Hause der Braut – und bedenkt die Familie des Bräutigams mit Aufmerksamkeiten … natürlich sind diese in rotem Papier verhüllt.

Wir wären nicht im abergläubischen China, würden die Hoch-zeitsfeiern nicht auf einen astrologisch günstigen Zeitpunkt ge-legt, das richtige Tierkreiszeichen muss den Kalender durchlau-fen. Darüber hinaus spielt selbst die Uhrzeit der Vermählung eine symbolische Rolle: Paare werden bevorzugt in der halben Stun-den vor einer vollen verheiratet, damit sich die Zeiger der Uhr vorwärts nach oben und nicht abwärts bewegen … das könnte ein böses Omen sein.

Am Morgen der Hochzeit wird der Bräutigam von seinen El-tern angekleidet. Danach fährt er zum Haus der Braut und hin-terlässt dort wiederum zahlreiche Geschenke, diesmal für die Freunde der Braut, als Zeichen des Dankes, dass man sie „gehen" lässt. In vielen Familien wird zu dieser Gelegenheit eine Tee-Ze-remonie veranstaltet: die Brautleute bieten ihren Eltern eine Tas-se Tee an und knien vor ihnen, um auf diese Weise symbolisch um Erlaubnis zur Vermählung zu bitten. Braut und Bräutigam machen sich dann gemeinsam auf den Weg zur Kirche.

Die kirchliche Feier wird normalerweise nur von den engsten Verwandten der Brautleute besucht. Nach der Trauung und noch vor dem Hochzeitsempfang kann eine weitere Tee-Zeremonie abgehalten werden: Diesmal ehrt die frisch gebackene Ehefrau ihre Schwiegereltern mit dem Anbieten einer Tasse Tee. Bevor das Brautpaar die offizielle Hochzeitsfeier eröffnet, lässt man bei einem Fotostudio noch Fotos vom Paar anfertigen.

Der Empfang ist in den meisten Fällen eine prächtig inszenierte Veranstaltung. Sogar für die Eröffnungsrede wird ein Zeremonienmeister engagiert. Die Hochzeitstorte und das Ritual des Anschneidens dürfen ebenso wenig fehlen. Die Anzahl der Schichten einer Torte symbolisiert eine Leiter, die das Paar auf seinem Weg zum Erfolg zu erklimmen hat. Die ersten beiden Tortenstücke gehören natürlich den Brautleuten, danach eines für die Familienmitglieder, Eltern, Großeltern. Dabei werden diese „gefüttert", Braut und Bräutigam halten den Teller gemeinsam. Danach verläuft die Hochzeitsfeier so, wie man es auch aus unseren Breiten kennt: der eine oder andere Toast auf die Ehe der Frischvermählten wird ausgesprochen, die Tische biegen sich unter vollen Schüsseln, Getränke, Musik und Tanz steuern zur besten Laune aller Partygäste bei.

Beerdigungen

So traurig dieser letzte Abschnitt zum Thema Zeremonien und Feste in chinesischen Alltag auch klingen mag: Die Beschreibung zeigt zum einen, wie ausgeprägt in China der Sinn für Rituelles und Symbolisches ist, auch bei wenig fröhlichen Anlässen. Darüber hinaus wird deutlich, wie die Menschen dort Religiosität, Aberglaube, Geister- und Götterwesen und philosophische Elemente problemlos mischen und praktizieren.

Die Ehrung der Toten

Die Ehrung der Toten und die dazugehörigen Rituale werden in der chinesischen Gesellschaft mit äußerster Ernsthaftigkeit betrieben. Ein unpassendes Beerdigungsarrangement könnte Unglück und Tragödie in der Familie des Verstorbenen bedeuten. Feuerbestattungen sind normalerweise nicht üblich.

Die Begräbnisrituale richten sich in einem bestimmten Maß zum einen nach dem Alter des Verstorbenen, zum anderen nach seiner Todesart, weiterhin nach Ansehen und Position innerhalb der Gesellschaft und nicht zuletzt nach seinem Familienstand.

Die chinesische Tradition besagt, dass eine ältere Person niemals gegenüber einer jüngeren Respekt erweisen sollte. Das heißt: Sollte der Verstorbene ein junger, unverheirateter Mann gewesen sein, wird sein Leichnam zum Beispiel nicht in sein Elternhaus gebracht, damit man dort die Totenwache vollziehen kann. Der Sarg verbleibt vielmehr in der Leichenhalle. Seine Eltern werden keine Gebete sprechen, dies wäre den Kindern des Verstorbenen vorbehalten. Stirbt ein Baby oder ein Kind, wird auf Beerdigungsrituale ebenfalls verzichtet, da diese einer jüngeren Person gegenüber nicht gezeigt werden können. Ein Kind wird in aller Stille beigesetzt.

Begräbniszeremonien für ältere Menschen müssen einem fest vorgeschriebenen Protokoll folgen und im Hinblick auf Status, Alter etc. auf jeden Fall angemessen sein; dies kann auch bedeuten, dass sich die Familie für die Ausführung der Beisetzungsfeierlichkeiten in Schulden stürzen muss.

Die Vorbereitungen für ein Begräbnis beginnen oftmals schon, bevor der Tod eingetreten ist: sobald sich die Person zum Sterben niederlegt, wird bereits ein Sarg durch die Familie geordert. Nicht selten werden die Dienste von professionellen Begräbnisinstituten in Anspruch genommen. Tritt dann der Todesfall ein, so werden unverzüglich alle im Hause ausgestellten Gottheiten mit rotem Papier bedeckt (um ihnen den Anblick eines Sarges oder des Leichnams zu ersparen), Spiegel werden außer Sichtweite aufgestellt: der Glaube sagt, dass jemand, der einen Sarg im Spiegel reflektiert sehen kann, alsbald einen Todesfall in der eigenen Familie zu beklagen haben wird. Man wird ein weißes Tuch über den Hauseingang hängen und einen Gong links (für männliche Tote) und rechts (für weibliche Tote) vom Eingang platzieren.

Bevor der Leichnam in den Sarg gelegt wird, wird er mit dampfenden Tüchern gereinigt, mit Puder eingestäubt und mit den besten Kleidungsstücken, die die Person besessen hat, vollständig angekleidet, einschließlich des Schuhwerks. Alle anderen Kleidungstücke des Toten werden verbrannt, sie sollen nie wieder benutzt werden. Die sonst vorherrschende Farbe rot wird in diesem Fall nicht eingesetzt: sie würde bedeuten, dass der Tote sich in einen Geist verwandelt; die ausgewählten Farben sind weiß (Farbe der Trauer), schwarz, braun oder blau. Bevor der Leichnam in den Sarg gelegt wird, bedeckt man sein Gesicht mit einem gelben Tuch (Farbe der Kaiser) und den Körper mit einem hellblauen.

Die Totenwache

Ist der Tote zuhause gestorben, wird sein Sarg auch dort aufgebahrt; ist er an einem anderen Platz gestorben, so verbleibt der aufgebaute Sarg im Hof vor dem Haus. Der Kopf des Toten liegt bei der Aufbahrung in Richtung des Inneren eines Hauses, der Sarg wird auf Holzblöcken mit hinreichendem Abstand zum Fußboden aufgestellt. Geschenke und ein Portrait des Verstorbenen werden am Kopfende des Sarges platziert. Der Sarg ist während der Totenwache nicht verschlossen. Es werden Lebensmittel vor dem Sarg aufgebaut, als wolle man dem Verstorbenen etwas zu essen anbieten. Der Kamm des Verstorbenen wird in zwei Hälften zerbrochen, eine Hälfte gibt man mit in den Sarg, die andere verbleibt bei der Familie.

Während des Trauerns trägt die Verwandtschaft weder Schmuck noch rote Kleidung, da Rot die Farbe des Glücks ist. Das klassische Brauchtum besagte, dass sich Kinder und Enkel des Verstorbenen in den 49 Tagen nach dem Todesfall nicht die Haare schneiden dürfen, aber diese Tradition lässt sich wirklich nur noch bei den sehr alten chinesischen Generationen beobachten. Es gehört zu den üblichen Sitten, dass Blutsverwandte und Schwiegertöchter während der Totenwache weinen und wimmern, als Zeichen des Respekts und der Loyalität vor dem Toten. Das Weinen wird besonders laut, wenn der Verstorbene ein großes Vermögen zurückgelassen hat.

Während der Wache versammelt sich die Familie des Toten um den Sarg, die Positionierung erfolgt nach streng hierarchischen Gesichtspunkten. Es sind Kleidervorschriften zu beachten: Kinder und Schwiegertöchter tragen schwarz (um zu verdeutlichen, dass ihre Trauer am tiefsten ist), Enkel und Großenkel tragen hellblau. Schwiegersöhne tragen hellere Farben oder weiß, da sie als Außenseiter angesehen werden.

Kinder und Schwiegertöchter tragen eine Kapuze aus Sackleinen über dem Kopf. Der älteste Sohn sitzt zur Linken des Verstorbenen, der Witwer/die Witwe zur rechten Seite. Später eintreffende Verwandte liegen auf Knien vor dem Sarg. Auf einem Altar am Fußende des Sarges werden Räucherstäbchen und eine weiße Kerze aufgestellt. Räucherpapier und Gebetsmünzen (um den Verstorbenen in seinem Nachleben mit ausreichendem Einkommen auszustatten) werden kontinuierlich niedergebrannt; die Trauergäste sind dazu aufgefordert, Kerzen zu Ehren des Toten zu entzünden und sich aus Respekt vor diesem und seiner Familie zu verbeugen.

Es wird auch eine Schatulle für Geldgaben bereit stehen: Zum einen als Zeichen des Respekts und zum anderen als Hilfe, die Kosten eines standesgemäßen Begräbnisses tragen zu können. Es ist nicht ungewöhnlich, wenn sich vor dem Haus des Verstorbenen eine Gruppe von Menschen aufhält, die sich die Zeit der Totenwache mit Wettspielen vertreibt. Der Leichnam muss von einer großen Zahl von Personen bewacht werden und das vergnügliche Spiel hilft diesen gegen die Müdigkeit und allzu tiefe Trauer der Verwandten.

Die Länge der Totenwache hängt von der finanziellen Ausstattung der Familie ab, aber sie sollte mindestens einen Tag dauern, damit genügend Zeit für die Totengebete bleibt. Während der Sarg im Haus oder auf dem Grundstück aufgebahrt ist, singt ein Mönch zu nächtlicher Stunde Verse aus buddhistischen oder daoistischen Schriften. Der Glaube sagt, dass die Seele der Toten Hindernisse, Qualen oder gar Folter – für die Sünden, die sie im Leben begangen haben – überstehen müssen, bevor sie ihren Platz im Himmel finden. Gebete, Gesänge und Rituale, die der Mönche vorträgt, sollen diesen steinigen Weg dorthin ebnen. Die Gebete werden musikalisch untermalt vom Gong, einer Flöte und einer Trompete.

Prozession und Begräbnis

Sobald die Gebetszeremonie abgeschlossen ist, wird der Sarg zugenagelt. Diese Art des „Versiegelns" symbolisiert die Trennung der Toten von den Lebenden. Man klebt weißes und gelbes Papier auf den Sargdeckel, um den Leichnam vor Angriffen durch böse Geister zu schützen. Während der Sarg verschlossen wird, drehen sich alle Anwesenden ab, denn das Beobachten eines Sarges während des Verschließens könnte Unglück bedeuten. Der Sarg wird danach, mit dem Kopfende nach vorne zeigend, aus dem Haus getragen; dort werden weitere Gebete gesprochen und noch mehr Papierfetzen auf den Deckel geklebt. Der Sarg setzt seine Reise dann im Leichenwagen fort, der sich im Schritttempo Richtung Friedhof bewegt.

Sollten sehr viele Angehörige den Trauerzug begleiten, verbindet ein weißes Tuch den Leichenwagen mit der dahinter schreitenden Familie. Die Rangordnung bei der Prozession hält sich strikt an die Ordnung innerhalb der Familienhierarchie. Der älteste Sohn sitzt somit dem Sarg am nächsten. Eine lange Räucherkerze brennt während des gesamten Weges zum Friedhof, sie symbolisiert die Seele des Verstorbenen.

Es kann auch vorkommen, dass aus Pappe oder Papier gebastelte Automodelle mitgetragen werden, sie stehen sinnbildlich für den Reichtum der Familie. Für den Fall, dass die Prozession über Wasser führt, muss der Tote „informiert" werden; andernfalls, so glaubt man, wird seine Seele den Weg über das Wasser nicht nehmen können.

In China sind die Friedhöfe normalerweise auf Hügeln oder Bergkuppen zu finden, da diese Lage als günstig im Feng Shui angesehen wird. Je höher das Grab auf dem Hügel angelegt ist, desto besser die Situation für alle Beteiligten. Sobald der Leichenwagen die Grabstelle erreicht hat und der Sarg herabgelassen wird, drehen sich wieder alle Anwesenden zur Seite, um böse Vorzeichen abzuwenden. Danach wirft man eine Handvoll Erde vom Grabhügel auf den Sarg. Nach der Beerdigung verbrennen alle Trauernden ihre Kleidung, um das Unglück, das mit dem Todesfall verbunden ist, von sich fern zu halten.

Die Trauerzeit

Obwohl mit diesen Vorgängen die Trauerzeremonie beendet ist, hält die Trauerzeit für die Hinterbliebenen für weitere 100 Tage an. Die engsten Familienangehörigen tragen in dieser Zeit eine Art Trauerflor am Ärmel ihrer Kleidung: schwarz tragen die Kinder des Verstorbenen, blau die Enkel und grün die Urenkel. Sehr traditionell ausgerichtete Familien tragen dieses Zeichen der Trauer bis zu drei Jahren. Falls ein Kind stirbt, wird eine so lange Trauerzeit nicht erwartet; dies gilt auch, wenn ein Ehemann den Tod seiner Gattin zu beklagen hat.

Die Rückkehr der Toten

Im chinesischen Volksglauben heißt es, dass die Seelen der Toten nach sieben Tagen in ihre Häuser zurückkehren. Um der Seele den richtigen Weg zu weisen, wird man zu diesem Zeitpunkt ein rotes „Hinweisschild" an der Hauswand anbringen. Am Tag der Rückkehr der Seele wird von den Familienangehörigen erwartet, dass sie ihre Zimmer nicht verlassen. Talkpuder wird am Eingang des Hauses auf dem Fußboden verteilt, um mögliche „Spuren" des unsichtbaren Besuches abzudecken.

5.2 Verbale und nonverbale Kommunikation

5.2.1 Symbolik

Eine andere zentrale Leitvorstellung in der chinesischen Kultur ist die Wahrung oder Herstellung von Harmonie zwischen Menschen, der Gesellschaft, dem Kosmos. Es gilt als rüde und respektlos, ein Anliegen, gleich welcher Art, direkt mitzuteilen. Der daraus resultierende Gesichtsverlust würde zur Störung der Harmonie führen.

Gerade auch im Hinblick auf die in der konfuzianischen Gesellschaft herrschenden Hierarchieverhältnisse dürfen Kritik, aber auch Meinungen und Wünsche nicht offen ausgesprochen werden; dies käme einem Gesichtsverlust gleich und hätte unerwünschte Sanktionen zur Folge. Um all dies zu vermeiden, bedient man sich der **indirekten Kommunikation** als Mittel zum Zweck und verkleidet Tabus oder Unangebrachtes hinter einer Vielzahl von Symbolen.

Dazu gehören zum Beispiel die ausgefeilten Verzierungen, die in China seit jeher Bilder und Kunsthandwerk, aber auch Mode,

Schmuck und andere Alltagsgegenstände schmücken. Ornamente und Muster sind dabei allerdings mehr als nur Dekoration – sie gehorchen einer in Jahrtausenden gewachsenen Symbolik.

Ebenso lieben es die Chinesen, sich mit guten Segenswünschen zu umgeben, um so sicherzustellen, dass eben diese auch tatsächlich in Erfüllung gehen. Die Bedeutung von Ornamenten und Mustern auf Kleidung, Schmuck oder einfachem Hausrat, bleibt uns allerdings oft verschlossen. Dass in der Dekoration einzelne Symbole wie Worte zu einem Satz zusammengefügt sind, können wir wohl bestenfalls erahnen. Wie können wir wissen, dass beispielsweise ein Teller mit Landschaftsmotiven Glück und ein langes Leben verheißen soll?

Tatsächlich gilt aber schon eine wolkenverhangene Berglandschaft in China als äußerst Glück versprechend. Kraniche, Kiefern und eine bestimmte Pilzart sind noch dazu ein traditionelles Symbol für langes Leben – der gedachte Teller soll also den Wunsch nach Glück und einem langen Leben ausdrücken und ist gut geeignet, diesen Wunsch als Geschenk an einen besonderen Menschen zu übermitteln.

Als Symbole für Eigenschaften dienen meist Pflanzen oder Tiere, die diese Eigenschaft selbst aufweisen: Für Langlebigkeit steht die o. g. Kiefer, weil Nadelbäume dieser Art häufig ein hohes Alter erreichen und auch unter ungünstigen Bedingungen auf kargen Böden überleben können. Mandarinenten gelten als Symbol ehelicher Treue, da diese Wasservögel für ihre monogame Lebensweise bekannt sind.

Symbole für Personen oder Gegenstände ähneln dagegen diesen oft in Form oder Gestalt und teilen eben diese Eigenschaften. So spiegeln etwa die verschiedenen Vogelsymbole für die einzelnen Beamtenränge exakt die Hierarchie wider, indem sie mit Kranich und Goldfasan beginnen und beim „Fliegenschnäpper" enden.

In anderen Fällen beruht die Verknüpfung zwischen Symbol und Bedeutung auf Sagen, Mythen oder literarischen Werken. Die Beziehung zwischen Symbol und Bedeutung kann aber auch aus einer reinen Lautgleichheit oder -ähnlichkeit resultieren. Einige besonders beliebte Symbole, die einen Eindruck von Vielfalt und Tiefgründigkeit der chinesischen Symbolik vermitteln, ihre Bedeutung und der Ursprung ihrer Bedeutung, sind:

Tiere

Nicht ohne Hintergedanken haben wir den **Drachen** in unser Vorwort aufgenommen; er gehört sicherlich zu den bekanntesten Fabelwesen Chinas, das – ganz im Gegensatz zur westlichen Mythologie – hier eher als Gottheit mit positiver Ausstrahlung denn als dämonisches Wesen interpretiert wird. Eigentlich weiß niemand genau, wo der Drache herkommt. Er sieht aus wie die Kombination aus Reptil, Schlange und Krokodil. Der Drache steht für Macht, Stärke und göttlichen Schutz; er symbolisiert den Kaiser, den Osten, den Regen, die Zeugungskraft, das Männliche und ist zugleich eines der Tierzeichen im chinesischen Kalender.

Nach chinesischer Überzeugung sind Drachen die höchste göttliche Macht auf Erden. Als solche waren sie lange ein vor allem dem chinesischen Kaiser vorbehaltenes Symbol; einem Mythos nach lebt der allererste Kaiser Chinas selbst in der unsterblichen Form des Drachen weiter. Als Nachfahren dieses ersten Kaisers (Qin-Dynastie) versteht sich die ethnische Gruppe der Chinesen sogar als „Nachfahren des Drachen" – weshalb der Drache oft auch als Symbol für China oder die chinesische Volksgruppe dient.

Darüber hinaus kommt dem Drachen die Herrschaft über den Regen zu. Der Drache entscheidet, wann und wo der Regen fallen wird. Die Könige der Wasserdrachen leben im Drachenpalast unter den Meeren. Der Bedeutung des Drachen als symbolträchtiger Figur wird zu verschiedenen festlichen Anlässen Rechnung getragen (s. auch Drachentanz oder Drachenbootfest).

Fische sind dem chinesischen Verständnis nach ein segensreiches Symbol. Das Wort für Fisch ähnelt zuerst einmal dem Wort für Überfluss und Wohlstand – und Fische werden demnach oft als Zeichen für eben diese verwendet. Weil Fische außerdem viele Eier legen, gelten sie auch als Fruchtbarkeitssymbol. Und schließlich verkörpern Fische – insbesondere Karpfen – Ausdauer und Hartnäckigkeit: Karpfen die sich am legendären „Drachentor" die Stromschnellen des Huangpu Flusses* hinaufkämpfen, verwandeln sich der Sage nach nämlich in Drachen – die mächtigsten Tiere der chinesischen Götterwelt.

Die **Fledermaus** ist in China ein traditionelles Symbol für Reichtum und Glück. Grund hierfür ist schlicht und einfach, dass das Wort für Fledermaus ganz ähnlich klingt wie die Worte für Reichtum und Glück. Werden fünf Fledermäuse zusammen dargestellt, so ergibt sich ein Homophon für die fünf Glückseligkeiten: Gesundheit, Langes Leben, Reichtum, Tugendhaftigkeit und ein natürlicher Tod.

Der **Phoenix** vereint symbolisch gesehen die fünf Eigenschaften eines ehrbaren Lebens, nämlich: Tugendhaftigkeit, Pflichtbewusstsein, Tadellosigkeit, Menschlichkeit und Verlässlichkeit. Er ist außerdem ein Sinnbild für Grazie und unübertroffene Eleganz – denn der Sage nach war der Phoenix ein so anmutiges Geschöpf, dass nichts je unter seinem Schritt zerbrechen konnte. Lange war er deshalb übrigens ein der chinesischen Kaiserin vorbehaltenes Symbol.

Drache & Phoenix: Zusammengenommen sind die kaiserlichen Symbole Drache (Kaiser) und Phoenix (Kaiserin) ein Zeichen für die harmonische Vereinigung von Männlichkeit und Weiblichkeit oder Yin und Yang. Demnach sind sie ein gebräuchliches Symbol für eine glückliche Ehe und verheißen Glück und Wohlstand.

Die **Schildkröte** wird in China, ganz ähnlich wie bei uns auch, mit langem Leben und Weisheit verbunden: Ganze 3000 Jahre soll eine Schildkröte der chinesischen Mythologie nach selbst ohne Essen, Wasser und sogar ohne Luft leben können. Weil sie sich stets langsam aber beharrlich und unbeirrbar auf ihr Ziel zu bewegt, ist die Schildkröte auch ein Zeichen für Beständigkeit und Standhaftigkeit.

Was dem Kaiser der Drache, ist in China dem Volk seit jeher der **Tiger**. Er ist ein traditionelles Symbol für Mut und Tapferkeit und soll die Menschen vor Bösem und allerlei Unheil schützen. Denn ihm wird nicht nur ungebändigte körperliche Kraft zuge-

---

* Huangpu-Fluss: fließt durch die chinesische Stadt Shanghai und mündet am Unterlauf des Jangtsekiang in das Meer.

schrieben, sondern auch übernatürliche Kräfte, die ihm erlauben es sogar mit Dämonen oder Geistern aufzunehmen.

Der **Kranich** steht in China vor allem für langes Leben und Weisheit. Grund dafür ist der weiße Federkranz, der ähnlich dem Haarkranz alter Menschen seinen Kopf schmückt, und sein außerordentlich langes Leben.

Pflanzen

Da sie das ganze Jahr über ihr grünes Nadelkleid bewahrt, gilt die **Kiefer** als Symbol für Beständigkeit und langes Leben.

Der **Pflaumenbaum** ist ein besonders beliebtes Motiv in der chinesischen Symbolwelt und reflektiert eine Reihe von Bedeutungen: Weil die Pflaumenblüte fünf Blätter hat, und die Zahl Fünf in China eng mit den so genannten „fünf Glückseligkeiten" verbunden ist, steht er für Glück. Weil seine Blüten die ersten sind, die nach dem Winter in der scheinbar toten Landschaft erblühen (noch bevor er überhaupt Blätter trägt), ist er ebenso ein Symbol für Erneuerung und neues Leben. Und weil seine Blüten wie zum Trotz selbst dann erblühen, wenn Schnee und Eis sich einmal bis in den Frühling erstrecken, ist er zudem noch ein Zeichen für Willensstärke.

Nicht zuletzt haben Generationen von chinesischen Dichtern und Malern die Pflaumenblüte zu einem tiefgründigen Bild für Vergänglichkeit geformt – durchläuft sie doch alle Phasen ihres Daseins von der Knospe, über die Blüte bis zur Welke in kaum mehr als zwei Wochen.

Der in dichten Hainen wachsende **Bambus** bezeichnet in China Integrität, Standhaftigkeit und Vitalität. Denn obwohl er sich mit dem Wind biegt, bricht er nicht, obwohl er schlank und zierlich erscheint, überdauert er selbst extremste Wetterlagen und obwohl er ganz unscheinbar seinen Anfang nimmt kann er innerhalb kürzester Zeit schon mannshoch gewachsen sein. Der Bambus findet sich auch wegen seiner o. g. Eigenschaften oftmals als Schreibtischschmuck in den Büroetagen angesehener Manager wieder.

Die **Orchidee** ist in China ein Zeichen für Kultiviertheit und Bescheidenheit, sowie für die weibliche Schönheit. Denn „selbst da sie nur an den unzugänglichsten Orten wachse, an denen niemand sie je finde, bringe sie das nicht davon ab, ihren süßen Duft zu verströmen", schrieb schon Konfuzius vor mehr als 2000 Jahren zu ihren Ehren.

Die **Chrysantheme** ist vor allem ein Symbol für langes Leben und Widerstandsfähigkeit. Zum einen klingt das chinesische Wort für Chrysantheme nämlich ähnlich wie das Wort für widerstehen oder standhalten, zum anderen ist die Chrysantheme dem neunten Monat des traditionellen chinesischen Kalenders zugeordnet – und das Wort für neun klingt wiederum genau wie das Wort für lange Zeit oder langes Leben.

Die **Lotusblume** kann in China sowohl als Zeichen für Reichtum und Ehre als auch für Schönheit und Anmut dienen. Denn der chinesische Begriff für Lotusblume hat Ähnlichkeit mit den Wörtern für Reichtum und Ehre. Und Dank ihrer hübschen, rosafarbenen Blüte ist sie ein oft gebrauchtes Sinnbild für Schönheit und Reinheit.

Die Elemente/Naturphänomene

Donner – Ärger, aber auch Lachen des Himmels
Feuer – Süden, Tag, Männlichkeit (Yang)
Mond – Westen, Weiblichkeit (Yin), Herbst, Sterben
Regenbogen – Vereinigung von Yin und Yang, Ehe
Staub – Vergänglichkeit (*Daoismus:* „Die Welt des Staubes")

Gegenstände

Axt – Kaiserliche Macht, Vermittlertätigkeit
Ball – Regen, Fruchtbarkeit (Drachen erzeugen den Regen nach traditionellem Volksglauben durch das Spiel mit einem Ball)
Glocke – Glück, bestandene Prüfung
Laterne - Fruchtbarkeit, Kindersegen; *im Buddhismus:* Erleuchtung
Nagel – Abwehr von Krankheiten (insbesondere die Ziernägel an Gebäudetoren)
Spiegel – Glück, Eheglück, Geburt eines Sohnes, Beamtenrang; erlaubt das Sehen von Geistern und Dämonen sowie – im Buddhismus – der nächsten Existenzform

Stein – Langlebigkeit
Vase – Frieden

Farben

Die Interpretation der Farben weicht in China in einigen Aspekten von unserem westlichen Verständnis ab. Etwa 3000 v. Chr. ordneten die Chinesen den Jahreszeiten, Windrichtungen, wiederkehrenden Tagesabschnitten und den inneren Organen des Menschen bestimmte Farben zu. Noch heute haben für die Chinesen Farben *emotionale und physische* Eigenschaften. So ist zum Beispiel die wörtliche Übersetzung eines ehrenwerten Beamten „blauer Himmel" oder eines Begräbnisses „weißer Anlass". Der Eingang zum kaiserlichen Palast in Peking heißt „gelbe Pforte". Hier nun die grundlegende Symbolik der Farben nach dem Farbverständnis der Chinesen:

Rot: Glück, Wärme oder Feuer, Ruhm und Kraft. Die Farbe des Lebens und des Glücks schlechthin. Man denkt nahezu immer an Wachstum, Freude und vor allem Liebe. Diese Farbe soll böse Kräfte abhalten, kann aber auch zu viel Energie vermitteln. Rot ist die beliebteste Farbe, die gleichzeitig die höchste Yang-Farbe darstellt. Im Feng Shui verkörpert sie das Trigramm* Li und repräsentiert das Element Feuer. Die Farbe Rot wirkt besonders günstig und wird verwendet und getragen, um das Glück anzuziehen. Rot wirkt überall stärkend und stimulierend, besonders im Winter, wenn die Yang-Energie nachlässt. Rot wird zu allen freudigen Anlässen getragen. Zu viel Rot kann jedoch auch zu Problemen führen. Wenn ein Feuer nicht beaufsichtigt ist, kann es verbrennen und zerstören.

Gelb oder Gold: Gelb gehört wie Rot zu den günstigen Yang-Farben; es steht für Toleranz, Geduld und Weisheit und Erfahrung und für eine den Geist anregenden Wirkung. Da Gelb einst die kaiserliche Farbe war, und es Normalbürger nicht für ihre Kleidung oder ihr Heim verwenden durften, wurde Rot so beliebt und gilt seither als Glückssymbol. Gelbe Blumensträuße gelten als sehr Glück bringend, ebenso gelbe Geldpäckchen, Vorhänge

---

* Trigramm: Orakelzeichen bzw. Symbol aus der Philosophie des alten China

und Einrichtungsgegenstände. Gelb steht auch für die Erde, den Fortschritt, die Mitte und das Land China.

Weiß: Im westlichen Kulturkreis eher bekannt als Symbol für Reinheit und Unschuld, vor allem eingesetzt für Brautkleider und Ärztekittel, hat Weiß in der chinesischen Tradition eher negative Bedeutung: es symbolisiert das Alter, den Herbst, auch die Hinterlist und nicht zuletzt Trauer. Trotzdem kleiden sich heutzutage mehr und mehr Bräute auch in China in strahlendes Weiß, wo normalerweise Rot die gebräuchliche Farbe war.

Schwarz: Macht, Geld, tiefes Nachdenken, fehlende Hoffnung, düstere Stimmung. In China keine Trauerfarbe, wie in unseren Breiten, sie steht für den Lebensbereich Beruf und symbolisiert Macht und Geld. Doppelte Bedeutung: einerseits eine Empfindung der Tiefe, sowohl des Gemüts als auch der Perspektive. Andererseits bedeutet Schwarz fehlende Hoffnung und kann in eine düstere und gedrückte Stimmung versetzen. Schwarz, bei uns Zeichen der Trauer aber auch des festlichen Rahmens, besitzt in China keine positive Übersetzung. Daher sollte die Farbe auch bei feierlichen Anlässen wie Hochzeiten etc. gemieden werden. Sie steht für Dunkelheit, Ehre, Tod, den Winter.

Gebrauch und Bedeutung der Zahlen

Das traditionelle Zahlensystem ist im heutigen chinesischen Alltagsleben genau so verbreitet wie die Verwendung der arabischen Ziffern. Selbst in Japan sind die chinesischen Schriftzeichen für Zahlen weiterhin im Gebrauch. In der Regel gelten ungerade Zahlen als „männlich" (Yang), die geraden Zahlen als weiblich (Yin). Darüber hinaus spielten und spielen Zahlen eine wichtige Rolle in der chinesischen Tradition. Man glaubt, dass Zahlen das Schicksal einer Person bestimmen können – so zum Beispiel bei der Namensgebung für ein Kind.

Einige Zahlen gelten als besonders Glück bringend, andere hingegen symbolisieren das krasse Gegenteil. Die oberste chinesische Glückszahl ist die Acht, da die Aussprache für diese Zahl der Aussprache des Wortes für „Glück" oder „bevorstehender Reichtum" ähnelt. Andere Zahlen mit positiver Konnotation sind die Sechs und die Neun, da ihre Aussprache ähnlich der einiger positiver Wörter ist wie „problemlos", „Erfolg versprechend" oder „Freundschaft". Nach gleichem Muster gelten die Vier und die Zehn als absolute Unglückszahl, sie klingen in der Aussprache wie das Wort für Tod, genau wie die Sieben. Ganz ähnlich unseren Verhaltensweisen in Sachen „13", vermeiden Chinesen diese negativen Zahlen, wenn es um Nummernschilder ihrer Autos geht, um Telefonnummern von Unternehmen, Zimmernummern in Hotels oder Hausnummern. Weitere Deutungen in der chinesischen Numerologie:

Eins: Symbol für das *Allerhöchste Größte* bzw. *das Allerhöchste Eine*: der Anfang der Welt, der Ursprung aller Dinge, der Himmel, das Vollkommene

Zwei: Steht generell für Gegensätze, z. B. Yin und Yang, auch Symbol für die Erde

Drei: Symbolisiert das „Dreigestirn" Himmel-Erde-Mensch; ebenso die drei zentralen Lehren Konfuzianismus, Daoismus, Buddhismus; drei Freunde (Bambus-Kiefer-Pflaume) bzw. ein langes Leben

Vier: s. o.

Fünf: Ein Klassiker; die zentrale Zahl in der Darstellung des chinesischen Wertesystems: Symbol für die fünf Himmelsrichtungen (einschließlich der Mitte), die fünf Elemente (Holz, Feuer, Wasser, Erde und Metall), die fünf Farben, Gerüche, Geschmacksrichtungen, die fünf Sitten (für Traueranlässe, Gäste, Feste, Heer- und Glückwunschsitten), fünf Tierarten und fünf astrologische Wandlungszustände; fünf Arten der menschlichen Beziehungen (aus dem Buch der Riten); die fünf Sünden im Buddhismus; die fünf moralischen Aufgaben nach Konfuzius; nicht zuletzt die fünf Klassiker (Bücher, Basis chinesischer Philosophie); die fünf Glücksgüter und der Doppelfünfte (Termin des Drachenbootfestes im Mondkalender)

Sechs: Sechs Körperteile, Sechs Gefühlsregungen

Sieben: Neben der schon geschilderten negativen Ausstrahlung der Zahl sieben symbolisiert sie noch die sieben Gestirne; Fest der Liebenden am Doppelsiebten (7. Tag im 7. Monat); Trauerphase nach dem Tod eines Angehörigen: sieben mal siebentägige Trauertage; steht auch für die Entwicklungsphasen einer Frau;

Acht: Acht Unsterbliche; acht Symbole des Gelehrten; acht Trigramme; acht Symbole des Buddhismus; zentrale Bedeutung für die Entwicklung des Mannes

Neun: Symbol für den Drachen und die neuen Riten; Doppel-Yang-Fest am Doppelneunten (9. Tag im 9. Monat)

Zehn: Ehemals die Zahl des chinesischen Tierkreises; steht auch für zehn Himmelsstämme

Zwölf: 12 Doppelstunden des Tages, 12 Monate im Mondkalender, 12 Zeichen im chinesischen Tierkreis;

Dreizehn: Symbolisiert Störung, wird als Schimpfwort eingesetzt (13 Schurken)

10 000: Als Inbegriff für Unsterblichkeit; Bestandteil von Glückwunschformeln („Zehntausendfaches Glück")

Namensgebung

Das chinesische Namensystem bildet das grundlegende Muster der Namensgebung in fast allen ostasiatischen Ländern. Es existieren etwa 700 verschiedene Familiennamen in China, tatsächlich werden davon aber nur ca. 20 als Nachnamen verwendet. Die Unterscheidungs- und Variationsmöglichkeit in der chinesischen Namensgebung hängt daher zum großen Teil vom Vornamen bzw. persönlichen Namen ab.

Der Familienname

Der Familienname wird – im Gegensatz zu westlichen Schreibweisen – an erster Stelle genannt. Am Beispiel von Mao Zedong heißt das: Zedong ist der Vorname, Mao der Familienname. Eine weitere Auffälligkeit in Chinas Namensgebung ist sicher die Tatsache, dass verheiratete Frauen normalerweise ihren Mädchennamen beibehalten anstatt den Namen ihres Ehemannes anzunehmen. Die einer Ehe entstammenden Kinder erben den Nachnamen des Vaters. Historisch gesehen war es verboten, eine Person zu heiraten, die den identischen Nachnamen führt – ein Tabu, das in den letzten Jahrzehnten mehr und mehr aufgeweicht wurde.

Apropos Historie: In der chinesischen Kaiserzeit war es üblich, dass die Kaiser ihren Familiennamen an ihre Untergebenen weitergaben, dies auch als Zeichen der Beförderung innerhalb des Hierarchiesystems. Dies galt vor allem für die Kaiser, die den Han-Chinesen angehörten. Sie hatten ganz normale Familiennamen – im Gegensatz zum adeligen Europa, wo man den Adelsstand schon aus dem Nachnamen ablesen konnte. Die Kaiser der Han-Dynastie hießen sämtlich „Liu", die der Ming-Dynastie „Zhu". Begründet liegt dieses Verfahren der Namensweitergabe in der Theorie der chinesischen Kaiser, die besagt, dass auch ein normaler Bürger das „Mandat des Himmels" erlangen und somit zum Kaiser ernannt werden konnte. Mit der Weitergabe des kaiserlichen Namens an Angehörige trugen natürlich viele Familien den gleichen Namen wie ihr Herrscher, ohne direkt mit ihm verwandt zu sein. Daneben – und damit ein weiterer Unterschied zu Europa – verlor die gesamte Familie des Kaisers die Macht, wenn das Kaisergeschlecht abgelöst wurde.

Vornamen

Da in China Familiennamen nur in begrenztem Umfang zur Verfügung stehen, fällt den Vornamen die besondere Bedeutung zu, für das Unterscheidungskriterium bei der Namensgebung zu sorgen. Dies ist allerdings kein Problem, da die Vornamen bzw. persönlichen Namen zahllos aus allen Grundelementen des Wortschatzes gebildet werden können; nahezu jeder Buchstabe und jede Buchstabendeutung kann dazu gewählt werden. Die Auswahl des „richtigen" Vornamens wird in China sehr sorgsam vorgenommen: Einer alten Weisheit folgend, sind der persönliche Name eines Menschen und das Schicksal, das ihn erwartet, eng verknüpft. So ist man bemüht, Einfluss auf ein glückliches Leben des Kindes zu nehmen und schmückt es mit Namenszeichen, die beispielsweise die positiven Symbole des Drachen oder Phoenix enthalten. In der Vergangenheit wurden sogar noch weitere Elemente in bei der Namenwahl in Betracht gezogen, wie astrologische Prinzipien, das Geburtsdatum, das Zusammenspiel der fünf Elemente, sowie die Form und Aussprache des Namens. Auf diesen ausgeprägten Aberglauben verzichtet man in den letzten Generationen, ebenso auch darauf, das Kind nach einer berühmten Persönlichkeit zu nennen oder – noch unpassender – den bereits bestehenden Vornamen eines älteren Verwandten oder gar entfernten Verwandten zu vergeben.

Die meisten persönlichen Namen spiegeln die Eigenschaften wider, die sich Eltern für ihre Kinder wünschen. So sind die Vornamen für männliche Kinder meist verbunden mit Andeutungen zu Kraft und Stärke, die der Mädchen mit Schönheit oder Blumen. Die zentralen Begriffe wie „Reichtum" oder „langes Leben" werden ebenfalls in Anspielungen ausgedrückt.

Die Anrede

Die Ansprache mit dem Vornamen ist formell geregelt; innerhalb einer Familie werden die Erwachsenen höchst selten mit ihrem persönlichen Namen angesprochen. Jedes Familienmitglied besitzt seinen exakten Verwandtschaftsgrad und dieser wird in der Anrede strikt weitergegeben: Große Schwester, zweite Schwester, dritte Schwester usw. Der Familienname wird nur dann verwendet, wenn der Empfänger der ältere der beiden ist. Es gilt als höchst unpassend bis beleidigend, wenn ein Vertreter der jüngeren Generation einen Älteren bei seinem Vornamen nennt. Bei formellen Angelegenheiten werden die Jüngeren normalerweise nur mit ihrem Verwandtschaftstitel gerufen. Kinder können beim Vornamen oder ihrem Spitznamen gerufen werden.

Für die Anrede bei nicht-familiären gesellschaftlichen Kontakten wird gern ein weiterer Titel hinzugezogen, so zum Beispiel „Mutter Li" als Bezeichnung für eine Nachbarin namens Li. Im Freundeskreis werden die Gleichaltrigen beim Vornamen gerufen. Als Zeichen der Wertschätzung bzw. Verehrungswürdigkeit gegenüber älteren Männern oder Frauen werden diese in China gerne mit dem Zusatz „Lao", Alter oder Alte, gerufen; dieser Ehrentitel wird dem Familiennamen vorangestellt: Lao Wang = Alter Wang. Die Anrede nur mit dem Vornamen impliziert ein hohes Maß an Vertrautheit zwischen den Personen und klingt ungewöhnlich. So werden Schüler sowohl mit Vor- als auch mit Nachnamen angeredet. Unter chinesischen Geschäftspartnern und im Business generell ist es unüblich, dass man sich mit dem Vornamen anredet.

Generationenname

In manchen Familien existiert der Brauch, eines der beiden Schriftzeichen des Vornamens von Generation zu Generation weiter zu geben; darüber hinaus können chinesische Vornamen auch bestimmte historische Ereignisse oder Epochen reflektieren, Beispiel: diejenigen, die zur Zeit der Kulturrevolution geboren wurden, tragen in ihrem persönlichen Namen Zeichen für „starkes Land" oder „östlicher Wind".

Spitznamen

Spitznamen werden grundsätzlich nur bei informeller Rede verwendet; sie betonen in der Regel – als Abänderung des Vornamens – ein besonderes körperliches Attribut des Benannten oder aber seine spezielle Ausdrucksweise. Es kann sogar vorkommen, dass das zuerst gesprochene Wort eines Kindes als dessen Spitzname dem Vornamen vorangestellt wird.

Die „Alten Hundert Namen"

Laobaixing: Eine feststehende Wendung der chinesischen Sprache, die besagt, dass die Han-Chinesen aus 100 verschiedenen Familien gebildet wurden und daher 100 verschiedene Nachnamen trugen. Bezeichnet eine Person sich selbst als laobaixing, so drückt sie damit zum einen ihre Zugehörigkeit zum Kern des chinesischen Volkes aus, zum anderen gibt sie bescheiden zu verstehen, dass sie sich als Durchschnittschinesen ohne großen gesellschaftlichen Einfluss sieht. Im Grunde nichts anderes als unser „Otto Normalverbraucher", allerdings mit starker Tendenz, die Bevölkerung in ihrer Masse, Durchschnittlichkeit und Lenkbarkeit zu umschreiben.

Regionale Besonderheiten

Ob europäische Reisende oder Businessleute nach jahrelangem Umgang mit asiatischen Brauchtümern ihren Vornamen abwandeln und sich mit einem chinesischen Zweitnamen ausstatten würden, ist bislang nicht bekannt; viele Chinesen jedoch, die in westlichen Kulturen gelebt und gearbeitet haben, tragen einen „Westnamen" ergänzend zu ihrem traditionellen.

Unter chinesischen Auswanderern ist es durchaus üblich, zunächst bei ihrem westlichen Vornamen angesprochen zu werden, erst dann folgt der chinesische Vorname als zweiter Rufname. Natürlich kann in der Namensgebung die gängige Reihenfolge eingehalten werden: westlicher Vorname – dann der chinesische Familienname und an letzter Stelle der chinesische Vorname. So wird es beispielsweise in den Printmedien Hongkongs praktiziert. Dies gilt jedoch nicht für bürokratische Angelegenheiten. Regierungsbehörden achten darauf, den europäischen/amerikanischen Vornamen dem chinesischen Familiennamen nachzustellen, so dass im Fall einer Auflistung von verschiedenen Namen auf jeden Klarheit über die Zuordnung besteht.

5.2.2 Sprichworttradition

China ist bekannt für seine ausgeprägte Sprichwortkultur. Sich eines Sprichwortes zu bedienen, zeugt gleichermaßen von Bildung und gilt in der Rhetorik als ausgefeiltes Stilmittel. Zugleich dient das Formulieren in blumigen Phrasen auch hier wieder einem übergeordneten philosophischen Prinzip: der Wahrung von Harmonie. Was man in direkter, persönlicher Anrede nicht sagen darf oder sagen möchte, lässt sich in einer traditionellen Redensart viel leichter an den Mann oder die Frau bringen.

In ihrer Aussage spiegeln die chinesischen Sprichwörter das traditionelle, typische Leben wider, sie bilden eine Art Quintessenz der Geschichte und Lebenserfahrung dieses Volkes. Zwei Begriffe, die man sich in diesem Zusammenhang merken kann, sind:

Chengyu (feste Redewendungen, häufig mit literarischem Hintergrund, daher sprechen sie eher die Bildungselite an) und

Yanyu (einfache Spruchweisheiten, die zum Volksgut geworden sind)

Einen kleinen Blick in die Welt der chinesischen Sprichworttradition wollen wir Ihnen nicht vorenthalten: Im zentralen Kapitel über Business Codes lassen wir jeden Themenblock mit einem entsprechenden Zitat beginnen … rhetorischer Schmuck, der Ihnen das pure Faktenstudium erleichtern wird.

5.2.3 Schrift und Sprache

Als Schlüssel zum Verständnis eines Kulturkreises sind vor allem auch Sprache und Schrift anzusehen. Sie prägen – neben Philosophie und Religion – wesentlich die Denkstrukturen, das Fühlen und Handeln der Menschen; sie sind die Kommunikationsträger einer Zivilisation schlechthin.

Um über große räumliche und zeitliche Entfernungen kommunizieren zu können, bedarf es der Entwicklung und Anwendung von **Schrift**. So können komplexe Sachverhalte, politische Ereignisse oder einfach nur Geschichten erfasst werden, selbst wenn erhebliche regionale Unterschiede in der gesprochenen Sprache zu überwinden sind. Dies war im riesigen chinesischen Reich der Fall. Dank der gemeinsamen Schrift wurde ein verbindendes Kommunikationsmittel geschaffen und bot damit neben ideellen auch praktische Vorzüge; andere ostasiatische Kulturen, wie Japan oder Vietnam, haben die chinesische Schrift übernommen und verwenden sie – trotz grundlegend verschiedener Sprache – abgewandelt zu ihren eigenen Sprachgewohnheiten. Die Tatsache, dass die chinesische Schrift eine Zeichenschrift ist, hat maßgeblich zu diesem Umstand beigetragen. Während die chinesische **Sprache** viele unterschiedliche Dialekte und Veränderungen durchgemacht hat, ist die chinesische Schrift seit ca. 2000 Jahren fast unverändert geblieben – und ist damit die älteste, heute noch verwendete Kulturschrift der Welt.

Im Folgenden finden Sie einige wichtige Grundzüge der chinesischen Schrift:

Als Begriffsschrift unterscheidet sich das Chinesische grundlegend von den Schriftsprachen, die auf lateinischen Buchstaben (oder dem griechischen Alphabet) aufbauen. Während in den meisten Kulturkreisen das Denken in Begriffen und Wörtern, die aus Buchstabenketten geformt werden, selbstverständlich ist, wurden im Chinesischen die einzelnen Schriftzeichen aus Bildern abgeleitet. Für uns haben die aneinander gereihten Buchstaben für sich genommen nicht die geringste Bedeutung. Dagegen stellt jedes der chinesischen Schriftzeichen einen Gegenstand oder eine Idee dar: die chinesische Sprache ist sehr viel plastischer und appelliert stärker an die Kreativität und das Vorstellungsvermögen.

Jedes Zeichen trägt eine Bedeutung, phonetische Veränderungen werden nicht ausgedrückt. Die Grundwörter sind überwiegend einsilbig (monosyllabisch), die Schrift beschränkt sich auf die Darstellung der Wortstämme, es existieren kaum Flexionsendungen. Da die Bedeutung der chinesischen Schriftzeichen von der Aussprache unabhängig ist, ermöglichen sie eine Verständigung zwischen den Regionen des Landes, deren Dialekte sich stärker unterscheiden als beispielsweise das Deutsche vom Englischen. Dies bedeutet jedoch auch, dass bereits der Erwerb eines begrenzten Wortschatzes für den praktischen Gebrauch (ein normaler Zeitungsleser kennt etwa 3 000 der insgesamt mehr als 40 000 Zeichen!) vergleichsweise aufwändiger ist als die Alphabetisierung und zudem per se keine mündliche Verständigung ermöglicht. Umgekehrt vermitteln sich – da die gesprochene Sprache von Region zu Region große Unterschiede aufweist – die Gedankenwelt, die sozialen Normen, Werte und Traditionen der über fünf Jahrtausende gewachsenen chinesischen Kultur nicht zuletzt durch die Schrift. Im Gegensatz zu unseren westlichen Sprachen kennt das Chinesische keine Grammatik im eigentlichen Sinne. Wortart, Person, Zeitform wird nicht aus den Flexionen eines Wortes abgelesen, sondern erschließen sich erst aus dem Zusammenhang. Während unsere Satzstruktur durch eine lineare und sequentielle Struktur geprägt ist, werden Aussagen im Chinesischen vom Allgemeinen zum Spezifischen hin aufgebaut: In konzentrischen Kreisen nähert man sich der Kernaussage des Satzes.

Ebenso können die oft einsilbigen Wörter je nach Betonung ganz unterschiedliche Bedeutungen haben. Auch hier ist der Satzzusammenhang entscheidend. Aber auch Mehrdeutigkeiten sind gängig. Oft sind sie sogar gewollt und gelten als besonders kunstvoll. Ein chinesischer Satz kann daher drei oder vier – allesamt korrekte – deutsche Übersetzungen haben. Umgekehrt lässt sich die deutsche Exaktheit und mit ihr auch wichtige Inhalte oft nur schwierig ins Chinesische übersetzen. **Wichtig fürs Business:** Ein Dolmetscher sollte daher in der Lage sein, zugleich als kultureller Moderator zu agieren, da wörtliche Übersetzungen ohne Rücksicht auf die Situation und den kulturellen Zusammenhang oft zu Missverständnissen führen und damit eine Verständigung unmöglich machen.

Historische Entwicklung

Die Zeichen der chinesischen Schrift wurden ursprünglich auf so genannte Orakelknochen geritzt und stellten jeweils in stark skizzenhafter Form ein ganz bestimmtes Bild dar: einen Menschen, die Sonne, den Mond usw. Zusammengesetzt ergaben die Zeichen dann auch abstrakte Begriffe, z. B. Sonne und Mond zusammen bedeutet „Tag". Jedes Zeichen stand für ein Wort und hatte nur eine Silbe. Mit der Weiterentwicklung der Gesellschaft wurden auch die Bilderzeichen weiter entwickelt, komplexere Zusammenhänge verlangten nach komplexerem Schriftgut. Die Änderungen des Schriftbildes und die Entstehung der unterschiedlichen Stile resultierte aus der Verwendung unterschiedlicher Materialien zum Schreiben. Auf Orakelknochen war ein anderer Stil anzuwenden als auf Steintafeln, Bronzetafeln oder Papier. Mit Mitte des ersten Jahrtausends v. Chr. entwickelte sich die reine Bilderschrift zu einer alltagstauglichen Schrift, die in der Lage war, Syntax und Semantik der damaligen diversen Territorial-Sprachen im Reich der Mitte abzubilden. Mit der Schriftvereinheitlichung anlässlich der chinesischen Reichseinigung unter dem ersten Kaiser der Qin-Dynastie konnte die chinesische Schrift im gesamten Einzugsbereich des Kaiserreiches verwendet werden, sie verband die verschiedenen Sprachgemeinschaften miteinander und förderte gleichzeitig eine stabile Geschlossenheit des chinesischen Kulturraumes gegenüber fremden Kulturen.

Allerdings: Die Schwierigkeit beim Erlernen der chinesischen Schrift hatte für die Geschichte weit reichende Folgen. Auch wenn mit Verweis auf Konfuzius, der Schüler aus allen Schichten aufnahm, die Offenheit der Bildung und damit der Zugang zu öffentlichen Ämtern in China für alle Bevölkerungsschichten betont wurde, so war es in der Praxis – also auch im Beamtenstaat des Qin-Reiches – nur einer kleinen Schicht von Literatenbeamten vorbehalten, sich durch jahrelanges Lernen Zugang zu diesen Ämtern zu schaffen. Die Beamten mussten nicht nur die chinesische Schrift, sondern auch die konfuzianischen Klassiker auswendig lernen und ein großes literarisches Hintergrundwissen besitzen. Dieses Wissen war eigentlich nur für „hauptberufliche" Lernende in jahrelanger Arbeit zu erwerben, was einen exklusiven Zugang zu Ämtern und auch ein hohes Ansehen der Literaten und der Bildung im Allgemeinen zur Folge hatte. Eine mittelmäßige oder nur oberflächliche Bildung genügte nicht für die Karriere.

Noch heute kennzeichnet die Beherrschung der Schrift die Grade sozialen Ansehens in der chinesischen Gesellschaft. Das Bildungsmonopol liegt nicht mehr bei einer spezifischen Schicht, wie den o. g. Beamtengelehrten des alten China. Ereignisse wie die Bewegung des vierten Mai trugen dazu bei, die Schrift als Allgemeingut anzusehen, das dem gesamten Volk und nicht nur einer Bildungsbürgerschicht zur Verfügung steht. Schreib- und Lesekompetenz gilt als Bildungsgut aller Chinesen, und die Pekinger Regierung hat dem immer noch verbreiteten Analphabetentum den Kampf angesagt.

Die Schreibrichtung der chinesischen Zeichen verlief vor der Schriftreform in der Regel senkrecht, von oben nach unten, und die daraus entstehenden Spalten waren von rechts nach links angeordnet. Danach wurde in Büchern die Schreibrichtung von links nach rechts angesetzt und mit von oben nach unten angeordneten Zeilen geschrieben. Für Zeitungen und Zeitschriften sowie für Sachtexte und Fachbücher gilt dies nur bedingt. Allerdings hat sich gerade die Werbung – dort, wo auch westliche Markennamen auftauchen können – die westliche Schreibweise angeeignet. Die klassische Kalligraphie und Gedichte bleiben weiterhin bei der traditionellen Ausrichtung von oben nach unten.

Sprache … alles eine Frage des richtigen Tons!

Das gilt für die meisten Dinge im Leben, ganz entschieden aber für den Aufenthalt in China, wollen Sie mit den mühsam erlernten Überlebensvokabeln auch tatsächlich verstanden werden. Sonst geht es Ihnen wie denjenigen, die im Restaurant die

Rechnung bestellen und sich wundern, warum ihr Angebot zum Eierverkauf mit großem Gelächter quittiert wird. Oder aber: Sie brauchen eine Information und wenden sich an einen Chinesen mit den Worten „Ich möchte Dich etwas fragen" ... Sollte das Gegenüber irritiert reagieren, so haben Sie einfach den Satz gesagt „Ich möchte Dich küssen"! Alles halb so wild, in China ist man für einen netten Spaß stets zu haben! Und dem Fremden wird man den sprachlichen Fehlversuch nicht lange nachtragen.

Das Geheimnis der Sprache liegt darin, dass sie zu den **Tonsprachen** gehört: viele ähnlich oder gleich klingende Wörter oder Verbindungen können nur mit Hilfe der Tonhöhe, in denen man sie spricht, unterschieden werden. Damit nicht genug: es existieren natürlich auch gleich lautende und gleich tönende Worte in Kombination, so dass selbst die perfekte Tonbeherrschung erneut zum Missverständnis führen kann. Nichts für schwache Nerven, sondern für einen guten Dolmetscher. Dass auch Chinesen durchaus Probleme mit der Verständigung haben, kann man daran sehen, dass sie sich bei Unklarheiten mit Händen und Füßen verständigen. Besonders für Angehörige verschiedener Dialekte ist die Methode der Zeichensprache sehr hilfreich und zeigt einmal mehr, wie elementar die einheitliche chinesische Schriftsprache ist. Sie sorgt für zweifelsfreie Kommunikation in Situationen, wo dies besonders gefragt ist: Beim Feilschen auf dem Markt, beim Ringen um den besten Preis. In ganz China gibt es daher einheitliche Handzeichen für die Ziffern 1–10.

Die chinesischen Sprachen – so muss man in diesem Fall sagen – gehören zur sino-tibetischen Sprachfamilie und werden von rund 1,2 Mrd. Menschen gesprochen, das ist Rang eins unter den gesprochenen Weltsprachen. Spricht man von der chinesischen Sprache im Singular, dann ist üblicherweise der Standarddialekt Hochchinesisch – genannt Putonghua, ehemals Mandarin – gemeint. Das Standardchinesisch kann wiederum grob in zwei Dialekte aufgeteilt werden: den nord- und den südchinesischen Dialekt. Wie gesagt: lasst Hände sprechen! Die verschiedenen Dialekte unterscheiden sich in Phonetik und Grammatik zum Teil so gravierend, dass Sprecher unterschiedlicher Dialekte auf Schriftzeichen oder Hochchinesisch zurückgreifen müssen.

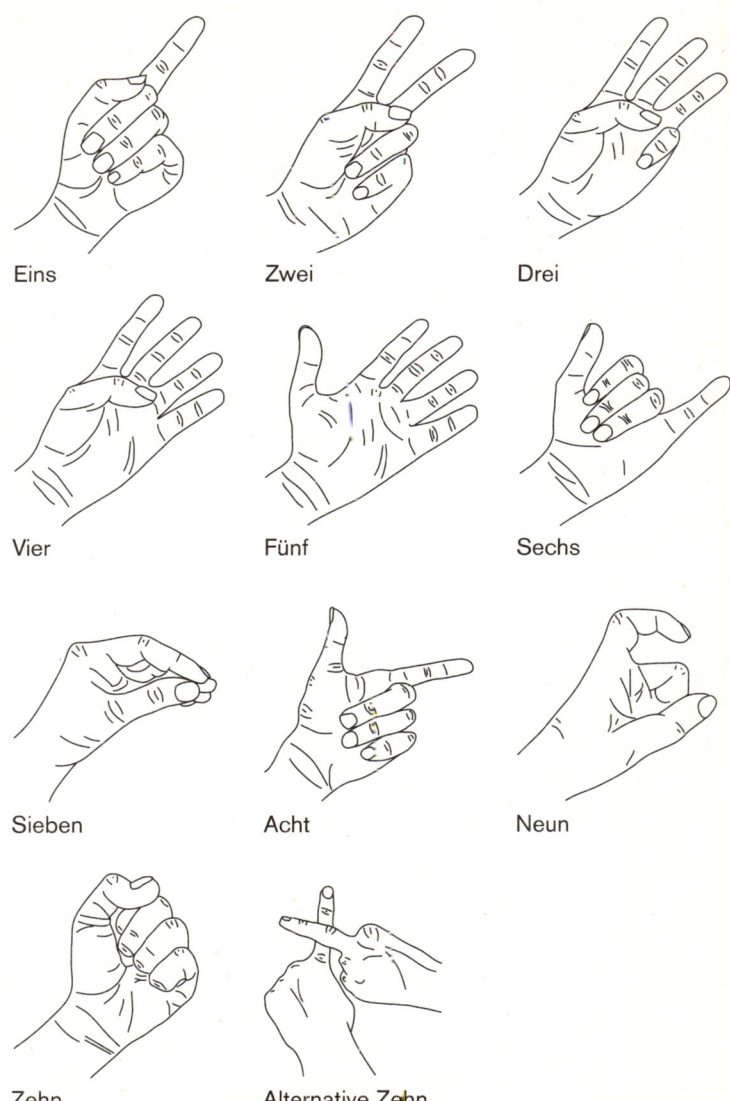

Eins   Zwei   Drei

Vier   Fünf   Sechs

Sieben   Acht   Neun

Zehn   Alternative Zehn

Abb. 6: Chinesische Handzeichen für die Ziffern 1–10

5.3 Naturphilosophie

5.3.1 Feng Shui

Spricht man über Traditionen und Brauchtumspflege im chinesischen Alltag, so gehören Feng Shui und die Traditionelle Chinesische Medizin (TCM) als Erscheinungsformen der Naturphilosophie auf jeden Fall in die Aufzählung. Was in westlichen Kulturen erst seit Jahrzehnten zunächst als „Mode" oder „esoterischer Schnickschnack" bekannt wurde, gehört in China zu den klassischen Bestandteilen des Philosophiesystems und blickt somit auf eine jahrhunderte- bis jahrtausendealte Geschichte zurück.

Bei Feng Shui handelt es sich um ein System, mit dessen Hilfe die den Menschen umgebenden Wohnräume, Zimmereinrichtungen, Gartenplanungen, Landschaften und sonstige Architektur- oder Bauvorhaben **harmonisiert** werden sollen. Feng Shui als die Lehre vom „Weg des Windes und des Wassers": Die Wortwahl verdeutlicht, wie stark der Mensch von seiner Umwelt und der Natur geprägt wird und wie die Auswahl des Wohn- und Arbeitsortes und seine Gestaltung Einfluss auf unser Wohlbefinden, unsere Gesundheit und unseren Erfolg nimmt. Feng Shui basiert auf zentralen Denkschulen der chinesischen Philosophie, u. a. auf der Lehre von **Yin und Yang**, der **Fünf-Elemente-Lehre** und den nach den Himmelsrichtungen ausgerichteten **Trigrammen**. Ein typisches, traditionelles Anwendungsgebiet des Feng Shui ist die Planung von Grabstätten (s. Ahnenkult, S. 124).

Die beiden Naturerscheinungen Wind und Wasser symbolisieren, dass hinter allem, was uns in der Welt umgibt, eine Energiequelle steckt. Damit ist die universelle Kraft gemeint, die in China „Chi" genannt wird. Nach dem Gedanken des Feng Shui besteht der gesamte Kosmos aus dieser Kraft Chi: Menschen, die seelische und geistige Entwicklung, tote Materie, schlicht alle Grundsubstanzen und alle lebenden Körper werden von dieser Kraft gesteuert. Die – nicht sichtbare – Lebensenergie kann durch das Feng Shui optimal zum Fließen gebracht werden. Ein günstiges Feng Shui muss also dazu beitragen, Energieblockaden zu vermeiden oder aufzuheben.

In Asien gehört Feng Shui ganz selbstverständlich zum Alltag. Die größten Bauwerke in China sind nach seinen Regeln erbaut – die chinesische Mauer oder die verbotene Stadt in Peking gehören selbstverständlich dazu. Ausgehend von der Überlegung, dass ein Bauwerk genauso wie ein Mensch aus lebendigem Chi besteht, wird eine direkte Verbindung zwischen Mensch und Gebäude hergestellt. Aus chinesischer Sicht stellt das Haus einen lebenden Organismus dar. Es ist in der Lage, Einflüsse aus der Umgebung zu empfangen und auszustrahlen. Im klassischen Feng Shui werden zur Harmonisierung einer Umgebung oder Räumen nur sehr wenige Objekte verwendet (Amulette, Landschaftsbilder).

Die älteste Schule im klassischen Feng Shui ist die so genannte Formenschule (Luan Tou). Darin wird die optimale Auswahl eines Bauplatzes angestrebt, die den Gesichtspunkten einer harmonischen Landschaftsformation genügen soll. Luan Tou wurde in der chinesischen Geschichte sowohl für Grabstätten als auch für Wohnhäuser angewendet. Neben der Formenschule existiert eine „Formelschule" (Li Qi Pai), die mit den Himmelsrichtungen und zeitlichen Einflüssen arbeitet. Zwei populäre Ausrichtungen dieser Schule, die „Fliegende-Sterne-Methode" und die „Acht-Häuser-Methode" können auf eine lange Tradition zurückblicken. In der Zeit Mao Zedongs war das Praktizieren von Feng Shui verboten. So kam es zur unfreiwilligen Emigration vieler Meister der Feng Shui Schriften und Lehren und der unterschiedlichen Ausrichtung des klassischen Feng Shui abseits des „Mutterlandes". In China und Hongkong werden wichtige Bauvorhaben (Beispiel Hochhäuser!) immer noch nach den Regeln des ursprünglichen Feng Shui durchgeführt.

5.3.2 Traditionelle Chinesische Medizin (TCM)

Die Traditionelle Chinesische Medizin (TCM) kann – wie die meisten kulturellen Elemente in China – auf eine lange Historie seit ihrer Entstehung und Entwicklung zurückblicken; ihre Wurzeln reichen bis zu den ersten chinesischen Dynastien, zu einer Zeit, als auch Daoismus und Buddhismus in China und Indien

Verbreitung fanden. Im Laufe der Geschichte erlitt die flächendeckende Anwendung von TCM empfindliche Störungen, hervorgerufen durch politische Maßnahmen oder in Zeiten von Kolonialisierung und der Kriege mit dem Westen. Dazu kam der Vormarsch der westlichen, naturwissenschaftlich begründeten Medizin. Seit den 50er Jahren erfuhr die traditionelle Heilkunde einen neuen Aufschwung, da sie auf einfache und vor allem kostengünstige Weise die medizinische Grundversorgung der gesamten Bevölkerung sichern konnte. Das in Jahrtausenden entwickelte Wissen, das über Generationen hinweg als „Familiengeheimnis" weitergegeben wurde, etablierte sich jetzt standesgemäß über Einrichtungen in Universitätskliniken und speziellen Ausbildungseinrichtungen. Seit der zweiten Hälfte des 20. Jahrhunderts haben die diagnostischen und therapeutischen Verfahren der TCM auch im westlichen Kulturkreis stärkeres Interesse gefunden; die chinesischen Konzepte fanden vor allem Zuspruch bei Vertretern der als ganzheitlich angesehenen Naturheilverfahren und gelten nach wie vor als adäquate Ergänzung zu den traditionell westlichen, auf Prävention orientierten Verfahren. In China selbst wird die TCM heutzutage auch überwiegend in Kombination zu den Behandlungsmethoden der klassischen Medizin praktiziert, sie galt als Zusatzbehandlung vor allem bei chronischen Erkrankungen.

Die TCM kennt keine eindeutige Trennung zwischen Körper und Geist, sie behandelt „ganzheitlich". Dies basiert auf der Annahme, dass der menschliche Körper Krankheiten bewältigen, sich selbst heilen kann, wenn er sich im natürlichen Gleichgewicht der Polaritäten (Yin und Yang) sowie der fünf Wandlungsphasen befindet. Das Ordnungssystem der TCM, das auf empirischen Erkenntnissen beruht, ist nicht übertragbar auf westliche Medizin und westliche Diagnosen. Sie kennt fünf Säulen der Behandlung, davon sind vier externer Natur: die Akupunktur, die Massage, die Pflanzenheilkunde und die Ernährung. Diese vier Säulen sollen ein Gleichgewicht der Wandlungsphasen (Elemente Wasser, Erde, Holz, Feuer und Metall) herbeiführen. Die fünfte Säule steht für aktive Bewegungslehre (beispielsweise Yoga oder Qigong). Durch langsame, kontrollierte Bewegungen wird eine

Steigerung der Achtsamkeit auf den eigenen Körper gelenkt, bei längerer und regelmäßiger Anwendung steigern sich Koordination und Flexibilität.

5.3.3 Akupunktur

Die Akupunktur basiert auf dem gleichen Prinzip wie Feng Shui: Die unsichtbaren Energieflüsse im Körper fließen hier durch so genannte Meridiane, die Energieleitbahnen des Körpers. Im Feng Shui werden Hilfsmittel verwendet, die ähnlich wie die Nadeln in der Akupunkturtherapie das Chi zum Fließen bringen. Änderungen in der Wohnung können ähnliche Effekte haben wie die Reizung eines Akupunkturpunktes.

5.4 Ernährungslehre: Kochkunst aus dem Reich der Mitte

Die chinesische Ernährungslehre ist rund 5000 Jahre alt und wichtiger Bestandteil der Traditionellen Chinesischen Medizin (TCM). Sie geht davon aus, dass der der Mensch mit einer festgelegten Energie (Qi) auf die Welt kommt und über zwei Möglichkeiten verfügt, diese Energie zu vergrößern: Die eine Möglichkeit ist die über Atmungs- und Entspannungsübungen, die andere über eine harmonische und ausgewogene Ernährung. Im Gegensatz zu Europa werden in China Lebensmittel nicht nur nach Inhaltsstoffen, sondern auch nach ihrer Zugehörigkeit zu den **Fünf Elementen** beurteilt. Nach der chinesischen Ernährungslehre sind die Fünf Elemente im gesamten Kosmos anzutreffen, d. h. alle Lebensmittel können einem der Elemente zugeordnet werden. Darüber hinaus werden die Organe des menschlichen Körpers ebenfalls einem dieser Elemente zugeordnet.

Eine Mahlzeit soll möglichst alle fünf Elemente beinhalten und immer in einer bestimmten Abfolge zu den Speisen hinzugefügt werden. Hierbei ist es unerheblich, an welcher Stelle man mit dem Zyklus beginnt. Der Grund für die einzuhaltende Abfolge liegt in der Anschauung, dass die Elemente einander „ernähren" und deshalb für den Organismus eine harmonische Einheit bilden, die alle Organe mit Energie versorgt.

5.4.1 Die Fünf-Elemente-Lehre

Die Klassifizierung von Lebensmitteln nach den fünf Elementen:

- Dem Element **Holz** entspricht der saure Geschmack. Hierzu gehören zum Beispiel Essig, Orangen, Tomaten, Weizen und Huhn! Das dem Holzelement zugeordnete Körperorganpaar ist die Leber und die Gallenblase. Durch die Aufnahme saurer Lebensmittel werden die Leber und die Gallenblase gestärkt. Ist die Leber gesund und entspannt, so kann der Körper seinen Entgiftungsarbeiten nachgehen, was wiederum die Lebensfreude fördert. Auch in der westlichen Welt kennt man den Ausspruch: „Dem ist wohl etwas über die Leber gelaufen".

- Dem Element **Feuer** wird der bittere Geschmack zugeordnet. Entsprechende Lebensmittel sind etwa Rote Beete, Roggen und Schafskäse. Die Körperorganpaare des Feuerelements sind das Herz und der Dünndarm. Die Feuerelemente gilt es vorsichtig zu dosieren. So kann zu viel Feuer den Organismus schwächen und austrocknen (Herzinfarktrisiko), zu wenig Feuer kann hingegen zu Antriebslosigkeit und Müdigkeit führen. Für die Ausbalancierung des Feuerelements ist eine ausreichende Flüssigkeitszufuhr wichtig. Gleichzeitig können Sie bei zu viel Feuer durch Atemübungen und autogenes Training den Körper unterstützen, wieder ins Gleichgewicht zu kommen.

- Dem Element **Erde** entspricht der süße Geschmack, wie er in Kartoffeln, Mais, Karotten und Rindfleisch zu finden ist. Die Körperorgane des Erdelements sind die Milz, die Bauchspeicheldrüse, der Oberbauch und der Magen. Bei Menschen, die oft unter Heißhungerattacken leiden, bedeutet das nach der Traditionellen Chinesischen Medizin einen Hilferuf des zum Erdelement gehörenden Körperorgans Magen, der an Energiemangel leidet. Um diesen Energiemangel wieder auszugleichen, empfiehlt sich natürliche, frische Nahrung. Ideal wäre eine Nahrung, die im beschriebenen Koch-Zyklus zubereitet und dann durch genussreiches Essen langsam verzehrt wird.

- Zum Element **Metall** gehören der scharfe Geschmack von Zwiebeln oder Senf. Das zum Metallelement zugehörige Körperorganpaar ist die Lunge und der Dickdarm. Erkrankungen der Atemwege und der Haut, Verstopfung oder Durchfall weisen nach TCM auf Störungen im Metallelement (Lunge, Dickdarm) hin. Neben der Zuführung der dem Metallelement zugeordneten Lebensmittel lassen sich die „kranken" Organe u. a. auch durch bewusstes, tiefes Atmen in freier Natur stärken.

- Dem Element **Wasser** wird der salzige Geschmack zugeordnet. Entsprechende Lebensmittel sind Fisch, Hülsenfrüchte und Oliven. Das Körperorganpaar des Wasserelements ist die Niere und die Blase. Ist das Nierensystem gestört, so äußert sich das nach TCM in Angst und Kältegefühlen – vor allem mit kalten Füßen. Um dieses zu vermeiden, kommt es auf die richtige Balance an. Würzt man z. B. Speisen abschließend mit Salz, braucht man wesentlich kleinere Mengen, weil mit zunehmendem Garprozess die Salzwirkung nachlässt.

5.4.2 Yin und Yang

Die sich ergänzende Polarität von Yin und Yang ist auch Grundlage der chinesischen Ernährungslehre. Besteht im Körper ein Gleichgewicht dieser Energien, ist der Mensch gesund. Die richtige Ernährung dient dazu, diese Harmonie zu fördern und zu erhalten. So teilt man die Lebensmittel auch in Yin und Yang Lebensmittel ein, Yin steht für Kälte, Yang für Wärme. Dies ist nicht zu verwechseln mit der tatsächlichen Temperatur der Speisen!

Lebensmittel mit hohen Yin-Anteilen sind zum Beispiel viele Obstsorten, Gurken, Tomaten, schwarzer Tee oder Milch. Als Yang gelten u. a. Trockenobst, Lauch, Gewürze, Fleisch und Fisch. Daneben existieren neutrale Lebensmittel wie Kohl, Möhren oder Getreide.

Befinden sich die beiden Energien nicht im Gleichgewicht, so können sie Krankheiten oder Befindlichkeitsstörungen verursachen. Da der Anteil der Energien bei jedem Menschen individuell ist, kann die für ihn richtige Ernährung nach den Fünf Elementen nur nach einer vorherigen Feststellung der Yin- und Yang-Anteile festgelegt werden, um keine unerwünschten Wirkungen zu generieren. Die Basis der Mahlzeiten sollte in jedem Fall aus neutralen Nahrungsmitteln bestehen.

Die chinesische Ernährungslehre kennt sogar fünf Temperaturabstufungen: heiß, warm, neutral, erfrischend und kalt. Außerdem geht sie davon aus, dass die richtigen Nahrungsmittel jeweils in der Region wachsen, in der der Mensch lebt. Die Ernährungsempfehlungen lassen sich daher nicht deckungsgleich auf Europäer übertragen. Man bevorzugt die gekochte Kost, da zur Verdauung von Rohkost mehr Energie verbraucht und diese dem Körper entzogen wird. Die Ernährungstipps richten sich auch nach der jeweiligen Jahreszeit: kalte Lebensmittel isst man besser im Sommer! Die Qualität der Speisen lässt sich aber durch die Zubereitungsart beeinflussen: So wirken Blanchieren und Kochen in viel Wasser als „yinisierend", während das Grillen, Braten und Garen den „yangisierenden" Aspekt bedient.

Damit nicht genug: Jede Mahlzeit sollte nach Möglichkeit alle fünf Geschmacksrichtungen und alle fünf Farben (grün, rot, gelb, weiß und schwarz) enthalten. Vegetariern empfiehlt man, möglichst gekochte Speisen zu essen, um genügend Energie zu erhalten. Industriell verarbeitete Lebensmittel und Tiefkühlkost werden in dieser Ernährungslehre abgelehnt. Eine besondere Form der Kochkunst ist das Kochen im „Elementezyklus", bei dem beginnend mit dem Element Feuer die jeweiligen Zutaten nach und nach zugegeben werden, wobei kein Element ausgelassen werden darf. Kindern empfiehlt man vor allem Lebensmittel des Elements Erde.

5.4.3 Die Regionalküchen

Dass China aufgrund seiner enormen geographischen Ausdehnung sowohl historisch, als auch klimatisch, ethnisch oder kulturell stark ausgeprägte Regionalidentitäten besitzt, liegt auf der Hand. Kein Wunder also, dass auch die Küche von Provinz zu Provinz variiert. Die häufig verwendeten Begriffe Nordchina und Südchina bezeichnen die beiden großen Landeshälften jeweils nördlich und südlich des Jangtsekiang. Diese große Trennungslinie symbolisiert auch eine Einteilung des Reichs der Mitte in landwirtschaftlicher und ernährungstechnischer Hinsicht.

Die nordchinesische Küche – im Weizen- und Hirsegürtel gelegen – verwendet überwiegend Produkte ihrer Region, also Weizen, vor allem aber Nudeln. In der Küche Südchinas, dort wo die großen Reisanbaugebiete liegen, wird neben Reis alles zubereitet, was „Füße oder Flügel" hat. Die chinesische Küche kann in acht verschiedene Hauptrichtungen eingeteilt werden, die klassische Version ist die der vier großen Regionalküchen:
1. Die Peking- oder nördliche Küche,
2. die Shanghai- oder östliche Küche,
3. die Szechuan- oder westliche Küche und
4. die Kanton- oder südliche Küche.

Die Gemeinsamkeiten dieser Regionalküchen beziehen sich auf die hauptsächlichen Garmethoden – Kochen, Dämpfen, Schmoren und Braten, Frittieren und Pfannenrühren – und werden, ebenso wie der Wok und Sojasauce, in ganz China verwendet. Die Unterschiede in den vier Schulen sind sehr fein und zum Beispiel abhängig von lokal verfügbaren Produkten, von der Vorliebe für bestimmte Gartechniken, Gewürzen oder der Art der Präsentation.

Abb. 7: Die vier Regionalküchen Chinas

Die nördliche oder Peking-Küche: In den nördlichen Provinzen Chinas, in denen der Pekingstil verbreitet ist, werden vorwiegend Weizen, Hirse, Gerste, Erdnüsse, Mais und Sojabohnen angebaut, die die wichtigsten Getreide darstellen. Daher bilden Nudeln, die im Norden Chinas mit einer Sauce gegessen werden, gedämpftes Brot und verschieden gefüllte und ungefüllte Teigwaren die Grundlage einer jeden Mahlzeit. Chinakohl, Gurken und Sellerie sind die hauptsächlichen Gemüsesorten. Gemüsespeisen, Suppen und Tofu-Gerichte sind typisch für den Peking-Stil.

Durch den mongolischen Einfluss sind Hammel- und Lammgerichte oder gegrillte Lammfleischscheibchen ebenfalls sehr verbreitet. Das Essen ist mild im Geschmack, oft auch ein bisschen fett. Zwiebelgewächse, Essig und Knoblauch sind häufige Zutaten. Es wird zumeist in der Pfanne gebacken, gedünstet oder geschmort. Auch wenn die Peking-Küche einfach und robust erscheint, hat sie ein weltbekanntes Gericht hervorgebracht: die *Peking-Ente*. Die Ente wird speziell für dieses Gericht gemästet, in einem besonders hierfür entwickelten Ofen geröstet und mit einer Art Pfannkuchen und einer Sauce serviert.

In Peking kann die Ente ein ganzes Mahl darstellen, wo Kopf, Zunge und Füße mit der knusprigen Haut und dem Fleisch gereicht werden. Außerdem ist Peking für seine einzigartigen Zwischenmahlzeiten bekannt. Hierzu zählen die bereits erwähnten gefüllten Teigwaren, die, wenn man zwei Portionen nimmt, auch eine komplette Mahlzeit bilden können. Es handelt sich dabei um flache, sichelförmige, mit Fleisch oder Gemüse gefüllte Teigtaschen, die gedämpft, gekocht, gebraten oder mit Sesamkörnern bestreut im Ofen gebacken werden.

Die südliche oder Kanton-Küche: Der kantonesische Stil repräsentiert die Küche Südchinas und zeichnet sich durch mehr Farbigkeit und weniger Schärfe aus. Die Zutaten werden für gewöhnlich nur kurz gebraten, wodurch sowohl die Konsistenz als auch das Aroma bewahrt werden. Weil die meisten Chinesen, die in westliche Länder auswanderten, aus der Region um Kanton stammten, wurde dieser Kochstil in westlichen Ländern beinahe gleichbedeutend mit der chinesischen Küche. Sehr beliebt sind gedämpfter Fisch, der unzerlegt serviert wird, gebratene Ente und Taube, pochiertes Hähnchen, chinesischer Brokkoli in Austernsoße und eine große Auswahl von knackigen grünen Gemüsen, die auf den Zeitpunkt genau kurz gebraten werden. Dim Sum, in Kanton „Yam Cha" genannt, sind kleine, leckere Gerichte aus Teigwaren, die mit Fleisch oder Gemüse gefüllt sind. Das Dim-Sum-Essen ist eine ausgesprochen beliebte Art, die südchinesische Küche zu genießen.

Die östliche oder Shanghai-Küche: Da Shanghai in der Nähe des Meeres liegt, ist die Shanghaier Küche berühmt für die hervorragende Zubereitung von Fisch und Meeresfrüchten. Speisen im Shanghai-Stil sind überwiegend leicht scharf und relativ fett, die Soßen eher schwer und ein wenig süß. Beliebte Gerichte auf der Speisekarte der ostchinesischen Küche sind gebratene Garnelen, „betrunkenes Hühnchen", gedünstete Krabben und der grätenlose „Westsee-Essigfisch", ein ganzer Karpfen, der in Butter gewendet, leicht pochiert und mit gehacktem Ingwer sowie süß-saurer Soße abgerundet wird. Einen interessanten Zweig der ostchinesischen Küche bildet wegen des japanischen Einflusses der taiwanesische Stil. Taiwanesisches Essen ist leicht und schlicht, einfach in der Zubereitung und oft großzügig mit Ingwer abgeschmeckt. Zum Braten wird meist Schweinefett verwendet. Eine gute Wahl sind pochierte Shrimps und Tintenfisch, Garnelen und Aal vom Grill, gebratene Shrimpsrollen und Schildkrötensuppe.

Die westliche oder Szechuan-Küche: Die Westprovinzen Szechuan und Hunan sind bekannt für ihre pikanten und scharfen Speisen. Knoblauch, Zwiebeln und Chilis werden reichlich verwendet. Der Szechuan-Stil zeichnet sich durch seinen pfeffrigen Geschmack aus. Gerichte aus Hunan dagegen sind entweder pikant-scharf oder aber süß-sauer und auch ein wenig schwerer und fetter. Huhn, Schweinefleisch, Flussfische und Schalentiere sind alle gleichermaßen geschätzt. Ein typisches Szechuan-Gericht ist Ma-po-Tofu, Sojastücke mit scharf gewürztem Schweinefleisch. Sehr zu empfehlen ist Hühnchen mit getrocknetem Chili, das unter raschem Wenden kurz gebraten wird. Beide Gerichte können Sie mit einer scharf-sauren Suppe abrunden. Favoriten unter den Gerichten aus Hunan sind getrocknetes Fleisch, in Salatblätter gewickelte Garnelen und Huhn mit Bambus.

5.4.4 Tee – das Nationalgetränk

Spricht man über die klassischen Brauchtümer, die den chinesischen Alltag seit Jahrhunderten kennzeichnen, dann wird ein Thema sicher nicht fehlen dürfen: China, das Mutterland des Tees und der Teezeremonien. Seit etwa 2500 Jahren wird in China Tee kultiviert und natürlich auch getrunken – vorbei die Zeiten, als der Teegenuss ein Luxusgut war, das dem Kaiserhof, seinen Vasallen und reichen Kaufleuten vorbehalten war. Ähnlich wie ein gemeinsames Essen im Familienkreis, zählt das Teetrinken mit seinen Ritualen zu den Zeremonien mit großer sozialer Bedeutung.

Man reicht Tee als Zeichen der Wertschätzung und Freundschaft gegenüber seinen Gästen; die jüngere Generation bietet der älteren Generation den Tee, um ihren Respekt zu bezeugen. Die Teekultur ist Ausdruck einer offenen Lebenseinstellung, so wie Konfuzius sie lehrte. Sie verbindet auch Elemente der daoistischen und buddhistischen Lehre, zeigt die enge Verbindung zwischen Materie und Geist sowie deren Wechselwirkung. Hier wird die von Konfuzius angestrebte Goldene Mitte, die Vermeidung von Extremen und das Suchen nach Harmonie konzentriert wiedergegeben. Die Milde und die Stille des Tees, die Wechselwirkung von Feuer und Wasser, verkörpern im Rahmen einer Teezeremonie das Bild von Harmonie, Eintracht und verbesserter Verständigung. Wie bei allen chinesischen Bräuchen, die nach klassischem Ritual abgehalten werden, ist auch hier ein Zeremonienmeister gefragt: in diesem Fall heißt er … Teemeister!

Die Zeremonie

Für die Teezeremonie reinigt der Teemeister zunächst die Teeschalen und die Kanne mit heißem Wasser. Dann werden Teeblätter in die Kanne gegeben und mit heißem Wasser übergossen. Dieser erste Aufguss dient dazu, die Blätter zu öffnen und Bitterstoffe zu entziehen. Er wird sofort in die Schälchen gegossen und nicht getrunken: das ist der „Aufguss des guten Geruchs". Der Teemeister füllt dann die Kanne ein zweites Mal mit Wasser, lässt die Blätter etwa 10 bis 30 Sekunden ziehen und verteilt diesen Aufguss dann gleichmäßig auf alle Schalen. Das ist der Aufguss des „guten Geschmacks".

Die Aufgüsse werden mit dem selben Tee mehrfach wiederholt, bei optimaler Teequalität kann dies bis zu 15 Mal erfolgen. Diese Aufgüsse heißen dann mit gutem Recht die Aufgüsse der „langen Freundschaft". Dabei lässt man den Tee jeweils zehn Sekunden länger ziehen als zuvor. Jeder Aufguss variiert im Geschmack. Da die Teeblätter unmittelbar nach einem Aufguss nicht weiter an Inhaltsstoffen verlieren sollen, wird der Tee zunächst in eine zweite Kanne gegossen und aus dieser eingeschenkt.

In einer verfeinerten Variante der Teekunst wird der Aufguss zunächst in Duftbechern gegossen und von diesen in die Trinkschalen; als Zeichen des Genusses begutachtet der Teetrinker das Aroma des Tees zunächst durch Riechen am geleerten Duftbecher. Der Kult des Teetrinkens steht dem einer Weinverköstigung europäischer Machart sicher in nichts nach!

Tee spielt auch bei anderen Bräuchen immer noch eine wichtige symbolische Rolle, vor allem bei Hochzeits- und Verlobungsbräuchen. Die Verlobungsgeschenke der Han-Chinesen heißen heute noch „Teegeschenke". Dies geht auf eine Tradition in der Song-Dynastie zurück, als es üblich war, der Familie der auserwählten Braut Tee zu überbringen. Der Heiratsvermittler wurde auch prompt „Teedosenträger" genannt. Eine andere Hochzeitstradition spricht vom „Tee des Türöffnens", bei der der Bräutigam am Hochzeitsmorgen im Hause der Schwiegereltern drei Tassen Tee zu trinken hat ... derart gestärkt lässt sich besser auf die Braut warten! Andere wiederum begehen die „Zusammenführung der Kopfkissen" mit ausgiebigem Teetrinken: Die Brautleute bieten ihren Gästen reihum als Zeichen der Dankbarkeit für erhaltene Geldgeschenke eine Tasse Tee an, bevor sie sich selbst eine weitere Tasse vor der Hochzeitsnacht genehmigen. Von Schwiegertöchtern erwartete man früher, dass sie etwas von guter Teezubereitung verstanden. Am Tag nach der Hochzeit hatte sie früh aufzustehen und ihre Schwiegereltern von der Kunst der Teezubereitung zu überzeugen. Darüber hinaus war es üblich, dass der älteste Sohn oder die älteste Tochter einer Familie den Eltern jeden Morgen im Namen aller Kinder eine Tasse Tee brachte.

Zubereitungsarten

Die verfeinerte historische Schule der Teekunst kennt drei Zubereitungsarten: Zu Zeiten der Tang-Dynastie wurde der Tee zusammen mit dem Wasser aufgekocht, bis das Wasser die richtige Färbung annahm; man verwendete hierzu pulverisierten Tee. Da man bei dieser Zubereitungsweise eine Prise Salz zum Würzen nahm, heißt diese Methode auch die „Schule des gesalzenen Pulvertees".

Während der Song-Dynastie arbeitete man auch weiterhin mit Teepulver, allerdings wurde dies nach Aufguss durch heißes Wasser mit einem Bambusbesen schaumig geschlagen. Die Kunst des Teemeisters bestand eben darin, den Schaum so lange wie möglich erhalten zu können: die „Schule der geschäumten Jade".

Ab der Ming-Dynastie wurden dann ganze Teeblätter verwendet, eine Zeremonie wie sie heute noch im Süden Chinas zelebriert wird. Man nennt sie ganz eingängig die „Schule des duftenden Blattes".

Regionale Besonderheiten

Die Mehrheit der Chinesen trinkt grünen Tee. Dennoch sind regionale Vorlieben zu verzeichnen: so ist in Peking der Jasmintee sehr beliebt, den man hierzulande von den Getränkekarten chinesischer Restaurants kennt. In einigen Provinzen Südchinas bevorzugt man schwarzen Tee; hier kennt man auch die Zubereitung des Tees mit Früchten, der besonders gern Gästen dargereicht wird. Die Hirten im Norden Chinas versetzen ihren Tee mit Milch und einer Prise ... Salz! In der Provinz Hunan würzt man den Tee zusätzlich mit gerösteten Sojabohnen, Sesam oder Ingwerscheiben. Nachdem das Teeschälchen geleert ist, werden diese Zusätze aufgrund ihrer gesundheitsfördernden Wirkung ebenfalls verzehrt.

Teesorten

Hauptanbaugebiet des chinesischen Tees ist der Süden des Landes. Grüner Tee kommt überwiegend aus den ostchinesischen Provinzen, der rote Tee aus Yunnan, Oolong-Tee aus Jujian, der gelbe Tee aus Hunan und der schwarze Tee aus Sichuan. Grundsätzlich unterscheidet man in China nach sechs Teesorten: dem grünen und roten Tee (entspricht dem deutschen schwarzen Tee), dem halbfermentierten Tee, weißen Tee sowie bedufteten und gepressten Tee.

5.5 Der Glaube, die Götter und die Geister

Die Chinesen nennen ihr Land auch das Land der **Gottheiten**. Die Grundlage ihrer Kultur bilden Mythen und Legenden, die die Koexistenz von Göttern und Menschen beschreiben. Kaum ein Aspekt der klassischen Kultur Chinas kann ohne diesen Hintergrund verstanden werden; und in fast jedem Aspekt lässt sich der Wunsch ausmachen, menschliches Handeln und Denken nach einer höheren Ordnung, wie dem Dao (s. Daoismus), dem Gesetz, dem Tian (Himmel) oder einem Prinzip (Li) auszurichten. Das gilt für Dichtung und Malerei ebenso wie für die Medizin, den Kalender oder Militärstrategien.

Wie muss man sich diese Gottheiten vorstellen? Normalerweise handelt es sich hier um Personen männlichen oder weiblichen Geschlechts, die wirklich existiert haben und denen besondere Kräfte oder Taten nachgesagt werden. Sie besitzen nicht die Macht eines Buddha. Dafür beschränkt sich ihre Zuständigkeit auch nur auf einzelne Angelegenheiten: das Funktionieren des Backofens ist die Aufgabe einer Gottheit, eine andere wiederum kümmert sich um erfolgreiches Abschneiden im Krieg. Gottheiten können Wünsche erfüllen oder kleine Probleme lösen. Zu diesem Zweck betet der Gläubige zu einer Statue oder dem Bild der Gottheit, verneigt sich ständig oder kniet, hält Weihrauchstäbchen in der Hand. Beim Gebet wird die Bitte erläutert und eine Gegenleistung versprochen. Nach Ende des Gebets werden die Weihrauchstäbchen in ein Gefäß für diesen Zweck gesteckt.

Um die zuständige Gottheit etwas milder zu stimmen, werden Opfer dargebracht, was durch Darbieten von Lebensmitteln oder dem Verbrennen von Geldschein-Imitaten geschieht. Für den Fall, dass sich die Gottheit nicht zuständig fühlt zu helfen, ist der Wechsel zur nächsten Gottheit durchaus erlaubt.

Verehrung der Vorfahren – Ahnenkult

In China wird der Verehrung von Vorfahren und lokalen Gottheiten große Bedeutung beigemessen. Die Ehrung muss nicht notwendigerweise religiös motiviert sein, sie kann auch einfach aus Respekt geschehen. In vielen Haushalten wird zu diesem Zweck ein zentraler Platz bestimmt, etwa ein Tisch, auf dem die Bilder derjenigen aufgestellt werden, die es zu verehren gilt: Gottheiten, die Ahnen, auch wichtige Personen des öffentlichen Lebens wie die Politiker Mao Zedong oder Deng Xiaoping. Diese Art des Volksglaubens wird auf dem Land noch raumgreifender wahrgenommen: Dort stehen den Betenden große Ahnenhallen zur Verfügung, wo auch die Namen und Bilder wichtiger Vorfahren angebracht werden.

Ein besondere Stellung bei der Vorfahrenehrung nimmt der familiäre Ahnenkult ein: Der Tod wird als eine Art Schlaf betrachtet, ist nicht endgültig. Durch das Darbieten von Opfergaben oder durch Orakel soll Verbindung zum Toten aufgenommen, die Seele des Toten herbeigerufen werden. Der Verstorbene wird beispielsweise zu wichtigen Familienangelegenheiten befragt. Die Durchführung dieses Rituals ist allerdings nur Männern vorbehalten. Daher ist es in China wichtig, männliche Nachkommen in der Familie zu haben. Der Ahnenkult ist eine der religiösen Erscheinungen, deren Geschichte bis weit in die Shang-Dynastie zurückgeht.

Orakel

Ein ähnlich geschichtsträchtiges Ritual, das erste Nachweise bereits um ca. 5000 v. Chr. führt, ist das Orakel. Besonders gebräuchlich waren Orakel mit Schafgarbenstängeln oder mit in Feuer erhitzten Tierknochen. Diese Technik fand ihre Blütezeit während der Shang-Dynastie. Die Orakelbefragung war traditionell Angelegenheit der Herrscher, die sich zu Fragen wie dem Erfolg von Feldzügen, dem Ausgang der Ernte oder dem Fortbestand der eigenen Dynastie entscheidende Auskünfte erhofften. Darüber hinaus waren natürlich auch Anfragen an die Ahnen üblich. Die Bedeutung der Orakelknochen steht außer Frage: Hier finden sich die ersten Zeugnisse chinesischer Schrift, sie leisten damit einen erheblichen Beitrag zur Erforschung der frühen chinesischen Schriftzeichen.

Chinesischer Volksglauben – Religion in China

Will man die in den vorangehenden Abschnitten erläuterten Elemente chinesischen Volksglaubens wie Ahnenverehrung, lokale Kulte, Aberglauben, Feng Shui, Daoismus etc. unter dem Begriff Religion oder Glaube definieren, sollte man mit aller Delikatesse ans Werk gehen: Zum einen existiert im Chinesischen kein Pendant zum Begriff des Volksglaubens; der Begriff wurde im Ausland geprägt, um die Mixtur aus teils religiösen, teils nichtreligiösen Praktiken etwas näher einzugrenzen. Der chinesische Glaube besitzt keine Theologie abendländischer Natur, es gibt keinen Klerus und keine übergeordnete Organisation. Die Riten und Praktiken beruhen auf philosophischen Vorgaben, teils auch auf Respekt gegenüber den Vorfahren; eine Definition als Religion im westlichen Sinne kommt daher nicht in Betracht. Die Überzeugungen, die dem chinesischen Volksglauben zugrunde liegen, gehören zu den Grundlagen der Kultur. Wie viele Anhänger sich zu dieser Art des Glaubens bekennen, ist nicht bekannt; es existieren zudem viele geographische Variationen und Besonderheiten. Es ist in China durchaus üblich, sich als nicht religiös zu bezeichnen, trotzdem aber an Riten und Kulten teilzunehmen. So lautet auch die offizielle Sprachregelung: China ist nach wie vor ein atheistischer Staat und die überwiegende Mehrheit der Bevölkerung bekennt sich offiziell zu keiner Konfession. Es gibt keine Statistiken über Religionszugehörigkeiten, die Zahlenangaben würden auch kein schlüssiges Bild über die Verbreitung in den einzelnen Religionen wiedergeben. Dies liegt unter anderem daran, dass man sich im asiatischen Kulturkreis ganz selbstverständlich zu mehr als einer Religion bekennen kann.

Das Jahr des Schweins

... bedeutet für alle Neugeborenen dieses Jahres viel Glück und vor allem Reichtum!

Damit sind wir bei einem weiteren Element chinesischer Kultur, der **Astrologie**. Die im südostasiatischen Raum verbreitete Form unterscheidet sich zur abendländisch-westlichen Sonnen-Astrologie durch ihre Orientierung an den **Mondphasen**. Ihre Geschichte geht zurück bis ins 2. Jahrtausend v. Chr., als sie noch aus astronomischen Beobachtungen entwickelt wurde. Mit dem Einfluss des Buddhismus und des Daoismus in China wurde auch das astrologische System nach und nach der chinesischen Philosophie angepasst. Die Tierkreiszeichen und Planeten verloren an Bedeutung, dafür entwickelte man ein auf mehreren Kalenderzyklen basierendes System als Basis astrologischer Deutungen.

Im Zusammenspiel mit Astrologie und Astronomie entstand auch der **chinesische Kalender**, mit dessen Jahresbenennung man sich vor allem im Westen schwer tut. Aufgrund der jährlichen Mondwechsel ist das chinesische Neujahrsfest an kein exaktes Datum gebunden, sondern wechselt in einem Zwölfjahresrhythmus zwischen dem 21.1. und 20.2. Darüber hinaus findet auch eine Einbindung des Konzepts der fünf Elemente in den chinesischen Kalender statt. Des Weiteren enthält jedes Jahr in seiner Benennung das Schriftzeichen für das entsprechende Jahrestier ... die Ratte, der Büffel, das Schwein. Daneben sind die fünf! Himmelsrichtungen (Nord, Ost, Süd, West, die Mitte) von großer Bedeutung. Hinzu kommt, dass hier mehrere unterschiedliche Zyklen gleichberechtigt nebeneinander existieren können, an denen immer wieder Ergänzungen und Korrekturen vorgenommen werden. Der chinesische Kalender: eine komplexe Angelegenheit!

6. Business-Etikette

„Als würde man aus einem Meer von Fragen nur einen Tropfen klar definieren können"

… soweit die blumige und gleichermaßen treffende Feststellung von Jieyan Fang, der Co-Autorin dieses Ratgebers, angesichts der Vielfalt von Verhaltensregeln in der chinesischen Geschäftskultur und deren **differenzierter** Umsetzung!

6.1 Einführung

Chinesen gelten seit jeher als Spezialisten in Sachen Zeremonien und Etikette. Was sich in vielen Jahrhunderten zu einem fein geschliffenen Instrument entwickeln konnte, ist auch heute noch wesentlicher Bestandteil des gesellschaftlichen und geschäftlichen Umgangs miteinander. Die Missachtung chinesischer Etikette, und sei sie aus westlicher Sicht noch so winzig oder nebensächlich, kann das vorzeitige Ende eines gerade beginnenden Geschäftskontaktes bedeuten. Die böse Überraschung ist umso größer, wähnte sich der weltgewandte Geschäftsreisende eben noch unschlagbar in Fragen des Stil bewussten Auftretens. Eine exzellente Kenntnis von Business Codes im eigenen Kulturkreis ist Voraussetzung, um in gehobenen Managementpositionen tätig zu sein; eine Garantie für erfolgreichen, vertrauensvollen Geschäftsdialog mit den zukünftigen chinesischen Partnern ist sie nicht. Dazu bedarf es – jenseits von positiven Wirtschaftsdaten – weiterer Tugenden, die für die Geschäftspraxis westlicher Kulturen nicht immer charakteristisch sind: Wer nimmt sich **Zeit** zum Aufbau einer persönlichen Beziehung im Vorfeld eines Geschäftskontaktes, wenn der Terminkalender kaum Luft zum Atmen lässt? Wie **geduldig** kann man sein, wenn Vorstand und Aufsichtsrat nach Ergebnissen trommeln, während der chinesische Geschäftspartner mit der Unterschrift zögert? Und was waren noch mal **Milde**, **Zurückhaltung** und **Bescheidenheit**, wo doch die lautesten Rufe und spitzesten Ellbogen noch immer zu den gewünschten Ergebnissen geführt haben? Das Anwenden von Business Behaviour verlangt **Fingerspitzengefühl**: Sie werden die hier angebrachten allgemeingültigen Regeln nicht wie eine Stereotype auf alle Chinesen anwenden können. Da treffen Sie auf den Haudegen alter Schule aus dem Nordosten des Landes: Menschen, die stark durch das politische Regime geprägt wurden und noch immer Traditionen und Sitten verpflichtet sind. Oder den quirligen Jungunternehmer, dem die kulturellen Werte seiner Heimat zwar vermittelt wurden, der aber durchaus bereit ist, sich westlichen Standards anzupassen. In einem Land dieser Größe spielen regional-spezifische Ausprägungen oder auch die Zugehörigkeit zu Stadt- oder Landbevölkerung eine große Rolle. Bleiben Sie aufmerksam …

Auch eine lange Reise, so philosophiert Konfuzius, muss mit einem ersten Schritt begonnen werden. Das Akzeptieren und Anwenden von Business-Etikette als verbindendem Element im Geschäftsleben ist ein solcher erster Schritt.

6.2 Business-Etikette von A bis Z

Anrede

In China legt man großen Wert auf eine formelle, korrekte Anrede. Darin spiegelt sich das Bedürfnis wieder, eigenes Ansehen und Hierarchie sowohl gegenüber dem Fremden als auch innerhalb der eigenen Gruppe bestätigt zu sehen. Allzu lässiges, aufgesetzt freundliches Verhalten oder gar das Angebot zum Duzen wird als typisch westliche Unsitte empfunden, zudem riskieren Sie hier schon den ersten Gesichtsverlust Ihres chinesischen Gegenübers. Besser also, Sie gehen gut vorbereitet in den Erstkontakt und haben sich im Vorfeld genau über Vor- und Nachnamen sowie den Status Ihres Geschäftspartners erkundigt. Wird das Treffen überwiegend in englischer Sprache abgehalten, so wäre der Augenblick der Anrede ein guter Moment, das Eis zu brechen und ein paar Sympathiepunkte zu gewinnen. Lernen Sie sechs, sieben Begriffe auf Chinesisch. Der Aufwand ist relativ gering, aber Sie haben damit der anderen Kultur Ihren Respekt bezeugt und gleichzeitig auf die eigene gute Bildung hingewiesen, welche Chinesen an ihren Gästen besonders schätzen.

Im Chinesischen steht der Nachname *vor* dem Rufnamen. Sollte Ihnen eine Delegationsliste zur Verfügung stehen, studieren Sie diese sorgfältig: das für die chinesische Namensgebung ungeübte deutsche Auge verliert zwischen Li und Jie, Fang und Hong schnell die Orientierung. Prägen Sie sich den auf der chinesischen Visitenkarte links außen stehenden Namen ein. Familiennamen sind überwiegend einsilbig, die Rufnamen häufiger mehrteilig.

Die Anrede „Frau" und „Mann" wird *nach* dem Familiennamen genannt. Am Beispiel von FANG JIEYAN sieht die korrekte Anrede wie folgt aus:

Fang (Nachname) Nüshi* (Frau)

Würde man zum englischsprachigen Ms. oder Mrs. Fang wechseln wollen, wäre zuvor zu klären, ob Fang Nüshi verheiratet ist oder nicht. Frauen behalten auch bei der Heirat in China ihren Mädchennamen. Die Anrede beim Vornamen bleibt der Familie und guten Freunden vorbehalten. Für die Herren gilt entsprechend:

Fang (Nachname) Xiansheng (Herr)

Titel und Ehrenbezeichnungen werden ebenfalls hinter den Namen gesetzt, hier eine kleine Auswahl aus dem täglichen Sprachgebrauch:

Fang Boshi (Boshi = akademischer Grad des Doktors): Dr. Fang
(dies gilt sowohl für die weibliche als auch die männliche Anrede)
Fang Daifu (Daifu = Arzt): Dr. Fang
Fang Laoshi (Laoshi = Lehrer): Lehrer Fang
Fang Jingli (Jingli = Manager): Manager Fang
Fang Jiaoshou (Jiaoshou = Professor) Professor Fang

---

* Nüshi (und alle folgenden) ist die Umschreibung der chinesischen Schriftzeichen nach Wade-Giles. Das Wade-Giles-System zur phonetischen Umschrift der chinesischen Zeichen bzw. Sprache in lateinische Schrift geht auf die Cambridge-Professoren Thomas Wade (1818–1895) und Herbert A. Giles (1845–1935) zurück.

Weitere Titel und Funktionsübersetzungen aus der öffentlichen Verwaltung, dem Militär und der Wirtschaft:

Direktor = zhu ren
Abteilungsleiter = bu men ling dao
Geschäftsführer = zong jing li
Vorstandsvorsitzender = dong shi hui zhu xi
Behördenvertreter/Minister/Exzellenzen = guan fang dai biao/bu zhang
etc.

Was für unser westliches Verständnis ungewohnt sein mag: Seniorität gilt in China als Kompetenz, dem Älteren oder Ältesten einer Runde wird der größte Respekt gezollt. In der Anrede äußert sich dies wie folgt:

Lao Fang: nennt man jemanden mit dem Familiennamen Fang, der älter ist als man selbst. Lao kann bei Damen und Herren gleichermaßen eingesetzt werden.
Xiao Fang: ist die Bezeichnung für jemanden mit dem Familiennamen Fang, der jünger ist als man selbst. Auch hier gilt die Anrede für beide Geschlechter.

Begrüßung

Beim Begrüßungsritual ist ein streng formelles Vorgehen zu beachten. Da man in China gegenüber Fremden zunächst mit Zurückhaltung reagiert, sollte sich ein Neuling auf dezente Gesten und höfliches Auftreten beschränken: Allzu forsches Herantreten, überschwängliches Gestikulieren und unruhige Mimik wirken nur abschreckend. In der Praxis lässt sich der chinesische Leiter einer Delegation gern von einem weiteren Mitarbeiter vorstellen. Mittlerweile ist es durchaus üblich, einen Händedruck auszutauschen, der „Zugriff" ist dabei um einiges sanfter, als man ihn aus westlichen Kulturen kennt. Auf chinesischer Seite vermeidet man, dem Gegenüber direkt in die Augen zu schauen. Dies ist als Respekt vor dem Gast zu bewerten. Oftmals vollzieht sich die Begrüßung auch nur anhand eines leichten Verbeugens (nur Kopf und Schultern, nicht die Form der japanischen Rumpfbeuge) oder eines angedeuteten Kopfnickens. Die Mimik bleibt verhalten, Lächeln und Lachen sind Gemütsregungen, die außerhalb des reinen Geschäftstreffens geäußert werden.

Halten Sie die korrekte Reihenfolge in der Begrüßung ein; stehen Sie einer Gruppe von mehreren Personen gegenüber, wenden Sie sich zuerst an den Gastgeber. Danach sollte der Ranghöchste bzw. der Älteste beachtet werden; der Jüngere wird dem Älteren vorgestellt, der bereits Bekannte einem neuen Gesicht.

Befinden sich Frauen in der deutschen Delegation, so ist deren Funktion und Status klar darzulegen. Werden Sie als Mann einer Frau vorgestellt, warten Sie auf ihre Reaktion. Streckt sie Ihnen die Hand aus, können Sie den Handdruck erwidern. Andernfalls bleibt es beim angedeuteten Kopfnicken. Intensiver Blickkontakt ist tabu, da er die Frau in eine unbehagliche Situation bringt.

Sollten Sie sitzen und man möchte Ihnen weitere Personen vorstellen, so stehen Sie selbstverständlich auf und bleiben während der Begrüßung weiterhin stehen. Üben Sie ein paar einfache chinesische Begrüßungsstandards ein (s. Beispiel), das bringt Anerkennung und erleichtert den Einstieg in den korrekten Smalltalk zu Verhandlungsbeginn oder in Verhandlungspausen.

Beispiel Begrüßungsformel:
Ni hao, xian sheng. Fei chang gao xing ren shi ni. (Hallo, ich freue mich sehr Sie kennenzulernen.

Variante Begrüßungsformel:
Ni hao, xiao jie. Ren shi hen rong xing.

Bleiben Sie bei den Begrüßungsfloskeln sachlich: Lobhudelei à la „Ich habe schon so viel von Ihnen gehört" oder Ähnliches bringt Ihr chinesisches Gegenüber in eine unangenehme Situation und outet Sie selbst als nicht seriös. Nach der formellen Begrüßung ist der Augenblick für den Austausch der Visitenkarten gekommen (s. Abschnitt Visitenkarten).

Beziehungen und Beziehungspflege

„Ist der Weg lang, erkennt man die Stärke eines Pferdes. Ist der Tag lang, sieht man den Charakter eines Menschen."

Verabschieden Sie sich von der Vorstellung, dass Sie nach einer gelungenen Präsentation, einem angeregten Business Lunch und ausgereiftem Vertragswerk zack, zack die Unterschrift Ihres chinesischen Partners daheim vorzeigen können. In China nimmt man sich viel Zeit für eine geschäftliche Entscheidung, die möglicherweise langfristig Konsequenzen birgt. Selbstverständlich ist man im Reich der Mitte an günstigen Abschlüssen interessiert und verfolgt mit aller Entschlossenheit Ziele des eigenen Unternehmens (und damit immer auch Ziele der Gesellschaft im Ganzen). Nur geschieht dies nicht nach rein sachlichen Kriterien, sondern immer im Hinblick auf die etablierte **persönliche Beziehung** zum künftigen Geschäftspartner. Ein gestörtes Verhältnis auf dieser Ebene impliziert gleichzeitig Differenzen bei der Geschäftsanbahnung.

Daher ist es besonders wichtig, dass Sie in den Aufbau einer guten persönlichen Verbindung alle Sorgfalt und alles Einfühlungsvermögen investieren. Eine Investition, die auch nach langer Zeit noch Früchte tragen kann. Der Chinese erinnert sich an gute persönliche Netzwerke, die er einmal geschaffen hat. Selbst wenn er sich aus wirtschaftlichen Erwägungen anderen Geschäftspartnern zugewendet hat, stehen Sie weiterhin auf seiner „Rechnung".

Bleiben Sie also geduldig bei Ihrem ersten China-Date. Das Treffen dient dem gegenseitigen Kennenlernen, vielleicht wird über das Geschäftliche gar kein Wort verloren. Dafür können Sie sich auf eine Reihe – nach unserem Verständnis – neugieriger Fragen einstellen. Das hiesige, eher oberflächliche „Und, wie geht es der Familie so?" ist auf chinesischer Seite durchaus ernst gemeint und sollte höflich und ehrlich beantwortet werden. Sie werden sich zu Fragen nach allgemeinen Lebensumständen in Deutschland äußern können, über Details aus dem Beruf, nach dem Befinden von Familienmitgliedern, Anzahl von Kindern etc. Erschrecken Sie nicht bei Erkundigungen nach Ihrem Einkommen. Was bei uns immer noch in die Tabu-Zone fällt, gilt auf chinesischer Seite zunächst als eine Information von vielen. Sie kann im Zweifelsfall aber Aufschluss darüber geben, ob Sie wirklich der hochrangige westliche Vertreter sind, den sich die Chinesen für ihre Geschäftsabwicklung gewünscht haben. Je mehr Prestige und Prosperität Sie vermitteln, desto höher Ihr Ansehen und die Aussicht auf solide bilaterale Beziehungen.

Natürlich erwartet man auch von Ihnen einen ausgeprägten Sinn für „Smalltalk". Legen Sie sich eine Auswahl an neutralen Gesprächsstoffen zurecht, die zur allgemeinen Entspannung beim ersten Aufeinandertreffen dienen können. Dazu zählen die aktuellen Geschäfte oder das Börsengeschehen; Themen wie Sport (und welch ein weites Feld bieten da die bevorstehenden Olympischen Spiele 2008 oder die Weltausstellung 2010 in Shanghai) oder sonstige Hobbys können problemlos behandelt werden. Sehr gerne redet man über das Essen. Die Nachfrage nach speziellen Rezepten, wie zum Beispiel dem gefüllten „Mondkuchen" kommt gerade in der Konversation mit weiblichen chinesischen Delegationsmitgliedern gut an.

Zeigen Sie Interesse an Chinas Geographie, an seiner Kunst oder den rasanten Entwicklungen in der Wirtschaft. Erzählen Sie von positiven Eindrücken, die Sie von Reisen in China gewonnen haben. Berichten Sie ruhig über positive Ereignisse aus Deutschland.

So detailliert auch die privaten Lebensumstände erfragt werden, werden Sie nicht zu vertraulich oder gar brüderlich. Unterlassen Sie Körperkontakt (wie das joviale Schulterklopfen), übertreiben Sie nicht mit direktem Lob und Dankesbeteuerungen. Bringen Sie Ihr Expertenwissen dezent an und vermeiden Sie es, durch Besserwisserei Ihren Geschäftspartner übertrumpfen zu wollen.

Die oben dargestellten Anregungen sollten keinen Raum lassen für die folgenden Tabu-Themen: Die Einmischung in chinesische Politik, in innen- und außenpolitische Standpunkte wie Menschenrechte, Taiwan oder Tibet, Repression. Chinesen schimpfen nicht öffentlich über chinesische Politiker. Was man kaum als Insider im Familien- oder Freundeskreis diskutieren mag, das beredet man in keinem Fall mit einem fremden Außenstehenden, einem Nicht-Chinesen. Die in Deutschland akzeptierte Form des Nörgelns über Politik und ihre Macher stößt in China auf blankes Unverständnis.

Für ein langfristiges Engagement in China ist die kontinuierliche Kontaktpflege und stetige Intensivierung einer bestehenden Geschäftsverbindung von zentraler Bedeutung. Nutzen Sie mehrere Reisen, um sich nach und nach besser in das kulturelle Anderssein einfühlen zu können; verbessern Sie Ihre China-spezifische Bildung; entwickeln Sie ein Gefühl für Gesten in verbaler und nonverbaler Kommunikation.

Eine dieser anerkannten Gesten ist das Aussprechen von Einladungen oder deren Wahrnehmung beim chinesischen Gastgeber. Geschäftliche Treffen finden bei einem offiziellen Essen (s. Bankett) oder einer privaten Einladung ihre natürliche Fortsetzung. So unbekannt ist dieses Thema hierzulande ja nicht. Wie oft unterhält man sich anlässlich eines „kick-off-meetings" lieber in launiger Brunchatmosphäre als in sterilen Konferenzbüros. Das „Arbeitsessen" ist nicht immer Füllmaterial für umfangreiche Spesenquittungen, eine private Einladung in die Villa des Geschäftsführers gilt auch bei uns als Anerkennung.

Einladung zum festlichen Abendessen – das Bankett

„In der Familie sei sparsam, doch Gästen gib reichlich."

Das Sprichwort kommt nicht von ungefähr: Es ist chinesische Tradition, bei Einladungen gegenüber den Gästen großzügig aufzutreten und alle Zurückhaltung, die noch bei der Geschäftsbesprechung geherrscht haben mag, über Bord zu werfen. Das soll keineswegs heißen, dass eine offizielle Einladung zu einem festlichen Abendessen ohne Etikette stattfindet. Wir sind schließlich in China und selbstverständlich gilt es auch bei dieser Gelegenheit, die versteckten Verhaltensmuster zu erkennen und das Bankett protokollarisch korrekt durchzuführen. Was nach außen zwanglos erscheint, bedeutet für den Gast eine weitere Prüfung hinsichtlich des Aufbaus einer guten Beziehung zum chinesischen Partner.

Losgelöst vom rein geschäftlichen Ambiente, bietet sich beiden Parteien hier die Möglichkeit, einander noch besser kennen zu lernen und einer chinesischen Leidenschaft zu frönen: der Lust an opulentem Essen! (Über Geschmack und Geschmacksrichtungen lässt sich bekanntlich streiten, aber das sollte warten bis zur Rückkehr in die Heimat ...).

Festliche Abendveranstaltungen werden vor allem zu wichtigen chinesischen Feiertagen abgehalten, wie zum Beispiel dem Mondfest, dem Neuen Jahr, Hochzeiten und ähnlichen Anlässen. Dazu wird üblicherweise ein spezieller Raum in einem Restaurant oder einem Hotel angemietet, so dass die Gesellschaft unter sich ist. Die Einladung zum Bankett kann Ihnen gegenüber mündlich ausgesprochen werden; daneben existiert auch die formelle, schriftliche Variante.

> **Hinweis:** Seien Sie pünktlich. Und das bedeutet, wenn der Beginn der Veranstaltung auf 18.00 Uhr festgelegt wurde, dass Sie bis zu zehn Minuten vor dem offiziellen Beginn an Ihrem Bestimmungsort erscheinen sollten. Der Gastgeber selbst wird sich mit einem bequemen Zeitpolster am Veranstaltungsort einfinden, um das Prozedere der Begrüßung und des Placements einzuleiten. Dazu zählt, dass er Sie und Ihre Delegation – in der entsprechenden Hierarchiefolge – an die Tür des Bankettsaals begleitet. Werden Sie dort bereits von Ihren Geschäftspartnern erwartet, seien Sie nicht überrascht, wenn Sie durch einen freundlichen Applaus in der fröhlichen Runde begrüßt werden. Zeigen Sie sich spontan, applaudieren Sie mit!

Achten Sie dann beim Betreten des Festsaals wiederum auf Rang und Hierarchiestufen. Das „Wer betrifft den Raum als Erster" kann in besonders lockerer Stimmung schnell in einen spielerisch ausgetragenen Streit ausarten; es kann einige Zeit vergehen, bis alle Personen den Festsaal tatsächlich betreten haben. Bleiben Sie geduldig und dies vor allem auch beim Einnehmen der Plätze. Etikette hat Priorität. Bei Kenntnis der Delegationsliste wird der Gastgeber eine entsprechende Sitzordnung durch Platzhalter angedeutet haben; fehlen die kleinen Hinweise am Tisch, so sollten Sie als Gast dennoch warten, bis Ihnen ein Platz zugewiesen wird. Der Ehrengast wird rechts vom Gastgeber platziert werden, links vom Gastgeber der zweitwichtigste Gast und dann weiter in dieser Reihenfolge; Ehrengast sowie Gastgeber nehmen dabei die Plätze mit Blick auf die Tür ein.

Dem Gastgeber obliegt auch nach Einnehmen der Plätze die Führung durch den Abend. Er setzt die Zeichen zum Beginn des Mahls, indem er seinem wichtigsten Gast eine Portion der angebotenen Speisen auf den Teller lädt. Oder er hebt einfach die Stäbchen in die Höhe und erklärt das Büfett für eröffnet. Von diesem Zeitpunkt an können Sie sich nach Lust und Laune an der Speisenabfolge bedienen, sollten dabei aber, was die Mengen angeht, Vorsicht walten lassen. Essen Sie langsam und vor allem nicht zu viel, denn während eines Banketts werden nicht alle Schüsseln gleichzeitig aufgetischt, es sind mehrere unterschiedlich üppige Gänge zu erwarten. Chinesische Gastgeber demonstrieren damit generell gerne die Freude am gemeinsamen Essen, sowie Großzügigkeit und persönlichen Wohlstand. Bedenken Sie, dass sowohl ein vollständig leer gegessener Teller als auch ein abruptes Beenden der Nahrungsaufnahme die falschen Signale Richtung Gastgeber aussenden. Selbst ein gut gemeintes „Danke schön, ich bin satt" wird Ihr Gastgeber höflich überhören und weitere Male zum Nachschlag auf Ihren Teller ansetzen.

Daher also **Hinweis 2**: Ein letzter kleiner Essensrest nach jeder Speise schont Ihren Magen und wahrt – und das ist wirklich wichtig – das Gesicht Ihres Gastgebers.

Damit nicht genug: Zu einer gelungenen Bankettzeremonie zählt der unablässige Ausschank von alkoholischen Getränken. In China wird weniger darauf geachtet, ob der Weißwein zum Fisch und der Likörwein zum Dessert passt; es geht vielmehr darum, möglichst viel zu trinken und möglichst häufig launige Trinksprüche an die Gesellschaft zu richten. Beim Kommando „Gan bei" heißt es alle Gläser in die Höhe, der Gastgeber richtet sein Prosit an die Runde und bedeutet damit ebenfalls den Beginn der Festlichkeiten. Er fällt auch die Entscheidung, welches Getränk während des gesamten Abends getrunken wird.

An dieser Stelle greift dann **Hinweis 3**: Haben Sie für sich entschieden, dass fremdes chinesisches Essen und starker Alkoholgenuss über mehrere Stunden hinweg Ihre Gesundheit strapazieren könnten, müssen Sie sich noch vor dem ersten Glas aus der „Affäre" zurückziehen. Eine medizinische Unverträglichkeit als Grund für die Alkoholverweigerung anzuführen, wird von einem Fremden durchaus akzeptiert. Größerer Gesichtsverlust Ihres Gastgebers droht erst, wenn Sie schon mehrere Gläser getrunken haben und dann plötzlich inmitten des Gelages die Notbremse ziehen. Eine leichte Betrunkenheit seiner Gäste ist vom Gastgeber durchaus beabsichtigt, das zeugt wiederum von seiner Großzügigkeit und hebt sein Ansehen. Sollten Sie doch ein wenig zu viel getrunken haben, ist es angebracht, die entsprechenden Waschräume für Gentlemen/Ladies aufzusuchen ... bevor Sie vor den Augen der chinesischen Partner in die Knie gehen oder sich erleichtern müssen. Ruinieren Sie nicht Ihren Ruf, solange Sie denselben gerade erst etablieren möchten. Auf chinesischer Seite wird man sich übrigens auch in der soeben geschilderten Weise zu helfen wissen, wenn Speisen und Getränke den Organismus überlasten: zu vorgerückter Stunde steigt auch bei der gastgebenden Delegation die Frequenz, den Tisch zu verlassen, um die sanitären Einrichtungen aufzusuchen.

Und es bleibt menschlich: Was in deutschen Kinderstuben zum ganz schlechten Ton gehört, signalisiert im Laufe eines chinesischen Festessens Genuss und Wohlbefinden: Die Rede ist von Nebengeräuschen wie Schmatzen und Schlürfen oder dem Beschmutzen der Tischdecke. Als guter Gast müssen Sie Ihren Teil der Anerkennung zum Festschmaus natürlich auch beitragen. Sollte es Ihnen schwer fallen, in die Geräuschkulisse einzustimmen, so dürfen Sie hier jederzeit verbal ausgefeilte Komplimente in Richtung Gastgeber und Küche loswerden. Zu jedem Gang, nach jeder Speise, beliebig oft. Was zählt, ist die Freude am Essen zu kommunizieren. Und jenseits aktueller europäischer Normen und deutscher Etikette bei Tisch: Der Griff zur Zigarette ist keineswegs verpönt. Ganz im Gegenteil, Sie dürfen auch zwischen den einzelnen Gängen rauchen. Denken Sie daran, Ihren Tischnachbarn ebenfalls Zigaretten anzubieten. Und während Sie mit der einen Hand die Zigarette führen und der anderen die Stäbchen, ist es Ihnen sogar noch gestattet, mit vollem Mund zu reden. Zumindest sollte es nicht überraschen, wenn dies so auf chinesischer Seite praktiziert wird.

Bei aller legeren Handhabung der Tischmanieren sind dennoch einige Regeln einzuhalten: Bitte suchen Sie die Toiletten auf, wenn Sie die Nase schnäuzen müssen. Taschentücher und deren Inhalt gehören unter keinen Umständen in das Blickfeld der festlichen Runde. Schenken Sie sich nie allein Getränke nach, sondern tun Sie dies auch bei Ihren Tischnachbarn, vor allem, wenn es um den Ausschank von Alkoholischem geht. Sie wer-

den bemerken, dass die Gläser in China gerne „randvoll" eingeschenkt werden, kaum dass Sie am Glas genippt haben. An jedes
Nachgießen reiht sich dann schon der nächste Trinkspruch, das
nächste Gan bei. Achten Sie darauf, dass Sie beim gemeinsamen
Zuprosten Ihr Glas nicht höher als das des Gastgebers und Ihrer
direkten Trinknachbarn halten ... eine kleine Geste mit großer
Wirkung, zeigt sie doch Detailwissen um Hierarchie und Rang-
folgen. Der Einsatz von Zahnstochern ist erlaubt, solange er nur
diskret und hinter vorgehaltener Hand vonstatten geht.

„Willst du eine Stunde glücklich sein, dann betrinke dich; willst du drei
Tage glücklich sein, dann heirate; willst du ein Leben lang glücklich sein,
dann iss täglich Reis."

Diesem Sprichwort ist eigentlich nichts mehr hinzuzufügen,
was die zentrale Bedeutung von **Reis** in der chinesischen Küche
deutlicher machen könnte. Aber darüber hinaus bietet das Reich
der Mitte – seiner Größe und Vielfalt angemessen – einen riesigen Speisenplan mit Variationen aller erdenklichen Zutaten, Zu-
bereitungsweisen, Geschmacksrichtungen und Farbgebungen, je
nach Region, nach Anlass, nach Tageszeit. Man trägt damit dem
Essen als oberstem Kommunikationsmittel Rechnung und der Erfahrung vieler Chinesen, in ihrer langen Geschichte Armut und
Hungersnot überlebt zu haben. Das Zuviel an Speisenmengen
– ganz gleich ob in festlichem Rahmen oder bei privaten Einladungen – lässt sich auf diesen Umstand zurückführen und soll
dem Gast Wohlstand und Respektsbezeugungen seines Gastgebers verdeutlichen.

Die **Speisenabfolge** beim klassischen Bankett lässt sich in ihrer Einteilung sicher mit europäischen Standards vergleichen,
was das Aufbringen von Vorspeisen und Hauptgerichten betrifft.
Doch schon bei der Suppe ist alles Regelwerk dahin: Nicht nur,
dass man die Suppe trinkt, nicht isst (was bei einer dünnflüssi-
gen Brühe sogar einleuchtet), sondern dass diese nicht wie am
deutschen Tisch zu Beginn des Festmahls serviert wird, dafür
aber möglicherweise zwischen verschiedenen Gängen und dann
mit großer Wahrscheinlichkeit zum Ende des Banketts. Die Suppe erfüllt hier den Zweck, die verbleibenden nicht gefüllten Ni-

schen des Magens abschließend zu versiegeln oder auch für den Ausgleich zwischen kontrastierenden Geschmacksrichtungen zu sorgen. Natürlich kann eine Suppe auch im Rahmen der Hauptgerichte aufgetischt werden, nämlich dann, wenn sie dickflüssig und würzig genug ist, um als komplettes Gericht identifiziert zu werden.

In der Art von Appetizern werden die Vorspeisen aus einer Vielzahl kleiner, überwiegend kalter Speisen zusammengestellt, bevor man die warmen Hauptgerichte erwarten darf. Dies kann beim festlichen Anlass aufgrund besonders künstlerischer Gestaltung wie geschnitztem Gemüse u. ä. schon zu den ersten „Ahs" und „Ohs" führen ... Ihr Gastgeber wird ein Kompliment gerne entgegen nehmen.

Sofern Sie sich an unsere Ratschläge gehalten haben, müsste jetzt noch Platz für zehn oder mehr Gerichte sein, die als warme Hauptspeisen die Tafel schmücken. Sollte Ihr Gastgeber zu den weniger exotischen im Lande gehören, dann können Sie mit einer gängigen Kombination aus Fleisch-, Geflügel-, Fisch- und Gemüseplatten rechnen. Die Zusammenstellung und Reihenfolge bemisst der Gastgeber nicht unbedingt nach europäischen Kriterien; Gegensätze und Kontraste zwischen den einzelnen Kategorien sind durchaus gewollt.

Es soll nicht verschwiegen werden, dass die Geschichten über Schlange oder Hund als Bestandteil eines warmen Gerichtes ihren wahren Kern haben. Hier ist es ratsam, sich im Vorfeld gedanklich und praktisch auf den Fall der Fälle einzurichten. Möglich wäre der „Selbstversuch", unbeobachtet von chinesischen Delegationsmitgliedern und abseits aller Etikette, eine der kleinen Straßenküchen in der Stadt aufzusuchen und sich dort das eigene Urteil zu Geschmack und Konsistenz dieser für uns exotisch erscheinenden Speisen auf dem Teller zu bilden. Denn sobald es um einen offiziellen Anlass geht, heißt es Farbe bekennen. Und die Ablehnung eines – vielleicht auch teuren – Gerichts, das der Gastgeber zu Ihren Ehren ausgesucht hat – stößt auf wenig Freude beim zukünftigen Geschäftspartner. Sie ahnen es? Der Gesichtsverlust droht.

In Abweichung zum Essen in einem Privathaushalt wird der

Reis beim Bankett als einer der letzten Gänge serviert. Nachdem man in den vergangenen Stunden dutzende Teller vorgesetzt bekam, soll der Reis an dieser Stelle nochmals untermauern, dass der Gastgeber ausreichend für seine Gäste bestellt hat. Das heißt, mit einem kurzen Dippen an der Reisschale ist die Geste des Gastgebers von Ihrer Seite aus honoriert.

Dessert: Die in unseren Breiten gängigen Nachspeisen werden Sie auf dem chinesischen Dessertplan nicht finden. Dies liegt zum einen daran, dass in China weitestgehend auf die Verwendung von Milchprodukten wie Käse, Sahne, Creme fraiche etc. verzichtet wird bzw. verzichtet werden muss; bei einer Vielzahl von Chinesen liegt Laktoseintoleranz vor, die zu einer Unverträglichkeit der üblichen cremigen Süßspeisen führt und somit ebenfalls das Auftragen eines klassischen Käsetellers verhindert. Es muss aber nicht immer Tiramisu sein: Im Laufe eines mehrgängigen Menüs tauchen hin und wieder süße Speisen in Gesellschaft der pikanten Hauptgerichte auf. Diese werden meist auf der Basis von Früchten oder aber Reis hergestellt.

Messer und Gabel? Ob Reis, Hühnchen oder Gurken süß-sauer eingelegt: An einer kleinen Einweisung in die Stäbchen-Kunde kommen wir an dieser Stelle nicht vorbei. Als Global Player sind die meisten China-Besucher wahrscheinlich mit dem Handling des chinesischen Bestecks vertraut; aber sicher ist sicher!

Hinweis 4: Die Stäbchen dürfen **nicht senkrecht** in eine Reisschüssel oder den eigenen Teller abgelegt werden. In der chinesischen Symbolsprache ist dies ein böses Omen und wird nur praktiziert, um bei Trauerfeierlichkeiten der Toten zu gedenken. Bei einem Festessen wird der Gastgeber dafür gesorgt haben, dass Sie erst gar nicht in Verlegenheit kommen, Ihre Stäbchen nicht fachgerecht ablegen zu können. Die Griffseite wird auf den Tisch gelegt, das Mundstück auf eine der kleinen Schüsseln oder Porzellanbänkchen oder einfach den Knochenteller. Auf jeden Fall werden die Stäbchen neben dem eigenen Teller platziert. Das Auffüllen von Reis wird dadurch vereinfacht, da dieser meistens in Schüsseln und nicht in ungeeigneten flachen Tellern serviert wird. In gediegener Atmosphäre wird zum Auftragen aus den mittig stehenden Gerichten auf den eigenen Teller meistens auch ein zweites Paar Stäbchen vorgehalten. Sie nehmen sich, was

Sie können, lagern die Beute kurz zwischen auf einem der dafür bereit gestellten Teller und landen den Rest dann hoffentlich unbeschadet auf dem eigenen Teller. Oder Sie lassen sich vom freundlichen Tischnachbarn kleine Häppchen auffüllen; das heißt natürlich auch: irgendwann sind Sie mit der Revanche am Zuge. Achtung: Das Manöver sollte geübt sein. Und außerdem: Die Stäbchen nach Möglichkeit nicht fallen lassen. Falls doch, bitten Sie darum, das Paar gegen ein neues austauschen zu lassen.

Den richtige Umgang mit Stäbchen und weitere Details zu diesem Thema finden Sie im Kapitel chinesische Küche/Regionalküchen erläutert.

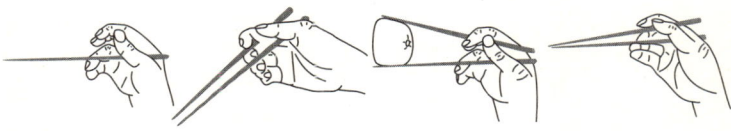

Abb. 8: Der richtige Umgang mit Stäbchen

Für besonders weiche Speisen oder Suppen und allem anderen, das sich nicht gut greifen lässt, werden die Stäbchen durch einen Porzellanlöffel ersetzt. Die Etikette-Profis schieben dann mit den Stäbchen die einzelnen Happen auf den in der linken Hand verweilenden eigenen Löffel. Vergessen Sie bei diesem Hin- und Her verschiedener Ess-Instrumente nicht Ihre gesichtswahrenden Manieren: Es sollte unbedingt vermieden werden, mit den Stäbchen (oder dem Zeigefinger) während der Kommunikation auf den chinesischen Gesprächspartner zu zeigen. Nach Beenden der Mahlzeit sind die Stäbchen und weitere genutzte Werkzeuge seitlich neben dem Teller abzulegen.

Das Angebot an alkoholischen und nicht-alkoholischen **Getränken** in China ist breit gefächert, besonders in den Großstädten haben Supermarktriesen wie der französische Carrefour oder lokale Versorger westliche Standards eingeführt. Soweit es jedoch den Ausschank von Getränken zu Festessen oder Feiertagen betrifft, greift man gerne zu Spirituosen-Klassikern wie dem berühmten Maotai oder Reiswein. Der Reiswein wird warm bis heiß getrunken, der Maotai ist als Reisschnaps hochprozentig;

hier bedarf es sicher einiger Überwindung oder Vorbereitung, den Magen auf scharf gewürztes Essen in Kombination mit einem heißem Getränk einzustellen. Herkömmliche Traubenweine werden Sie in China selten finden, denn diese harmonieren nicht mit den intensiven Speisen. Es gibt aber durchaus verträgliche Weine auf der Basis von Obstsaft, wie den traditionellen Pflaumen- oder Litschiwein. Da diese sehr süß schmecken, werden sie auch zu nichts anderem als einem Dessert serviert.

Die größte Bedeutung hat nach wie vor der Tee, auch wenn mittlerweile typisch westliche Getränke wie Mineralwasser oder Softdrinks verbreitet sind. Wer sich weder mit warmem Reisschnaps noch mit Zimtblütenwein anfreunden kann, für den bleibt der Griff zum Bier; das bekannteste ist das Tsing Tao aus der Provinz Shandong.

Zum Ausklang: Nach gut zwei Stunden wird sich das Bankett seinem Ende nähern. Damit naht auch für Sie als Gast der Moment, an dem die meisten protokollarischen und Etikette-Hürden bereits genommen wurden. Als Zeichen, dass der Gastgeber kurz vor der Auflösung der Gesellschaft steht, können nochmals Obst und dann feuchte Handtücher gereicht werden. Danach erhebt man sich und verlässt recht abrupt ohne weiteres Zeremoniell den Ort des Geschehens. Um das Begleichen der Rechnung wird sich der Gastgeber persönlich kümmern und dies erledigen, wenn alle Gäste auf dem Heimweg sind. Rechnungen nach Verzehr anteilig aufzugliedern gilt in China als Beleidigung des Gastgebers.

Selbstverständlich werden Sie von Ihren Geschäftspartnern vor die Tür begleitet: zum einen, damit man sich von Ihnen verabschieden und Ihr Dankeschön für die gelungene Veranstaltung entgegennehmen kann; oder um eine weitere Einladung auszusprechen, das abendliche Entertainment in einer Bar fortzuführen. Ablehnen wegen Müdigkeit oder erster Anzeichen von Überanstrengung ist fehl am Platze. Man erwartet von Ihnen, dass Sie sich der fröhlichen Runde anschließen.

Sollte der Abend aber tatsächlich nach dem Bankett beendet sein, dann zögern Sie nicht, gegenüber Ihrem Gastgeber eine herzliche Gegeneinladung auszusprechen. Diese kann man zum

Beispiel auf einen Termin kurz vor Ende der Geschäftsreise legen, oder – im allerbesten Fall – nach einem erfolgreichen Geschäftsabschluss. Bedenken Sie bei den Vorbereitungen zu einer Gegeneinladung, dass diese in Form und Umfang gesichtswahrend für Ihren chinesischen Partner verläuft. Das bedeutet, sowohl die Auswahl des Restaurants als auch die Zusammenstellung und Wertigkeit der Speisen sollte in etwa dem entsprechen, was der chinesische Partner „vorgelegt" hat.

Auf keinen Fall müssen Anstrengungen unternommen werden, etwas sehr Ausgefallenes in Bezug auf Ambiente und Menüwahl kreieren zu wollen. Die Versuchung liegt nahe, – gerade in Großstädten, die mittlerweile europäische und internationale Küchen zu bieten haben – den Gast dorthin einzuladen, „um ihm mal etwas anderes zu zeigen". Ist dies nicht der ausdrückliche Wunsch auf chinesischer Seite, so wählen Sie statt Krokodilsteaks auf kreolische Art lieber das Altbewährte und Vertraute nach chinesischem Gusto.

Einladung auf privater Ebene

Essen ist eine der wenigen Gelegenheiten für die überwiegend unkomplizierte Annäherung zwischen Gast und Gastgeber. Es ist Kommunikationsträger und gleichzeitig eines der zentralen Kulturgüter Chinas. Sollten Sie also die Möglichkeit erhalten, in einen privaten Haushalt eingeladen zu werden, so haben Sie hier als Ausländer einen sehr guten Blick auf materielle und philosophische Elemente chinesischer Kultur. Kein schlechter Moment, um im Hinblick auf eigene Interessen andere Denkweisen zu studieren.

Die Unterschiede zum Festessen oder Bankett sind genau so zu bemessen, wie Sie dies aus Gelegenheiten in der Heimat kennen. Eine private Einladung kann einen lockeren Rahmen haben, darf weniger protokollarisch gehalten sein wie die auf Distanz und Benimm eingerichteten offiziellen Anlässe. Trotzdem können und sollten Sie Etikette und Stil nicht an der Garderobe Ihres Gastgebers ablegen. Wenn Sie sich dessen bewusst sind, wird klar, dass auch für den Besuch im Privathaus Ihres chinesischen Partners einige Verhaltenshinweise zu beachten sind.

Dennoch besteht kein Grund zu verkrampfen: Der Tisch ist der Ort, wo Lebenskunst (und Lebensfreude) und gesellschaftlicher Alltag stattfinden. Hier will man gesellig sein, sich von der besten Seite zeigen, das Gesicht wahren, den Fremden beeindrucken, und nebenbei noch der guten Gesundheit dienen: alles in allem sehr menschliche, nachvollziehbare Regungen. Sie motivieren den Gast sicher ausreichend, um sich an einem Abend den Anforderungen eine Einladung im privaten Rahmen stellen zu können.

„Das Volk schätzt das Essen himmelhoch"

Von allen Mahlzeiten, die zu jeder Tageszeit wichtig sind für das chinesische Wohlbefinden, ist diejenige am Abend sicher die wichtigste. Normalerweise werden in chinesischen Haushalten auch schon morgens und dann mittags warme Speisen gereicht; warm sollten sie sein, um die Energie im Körper zu halten, kaltes Essen entzieht dem Organismus nach chinesischer Lehre zuviel Kraft. Diese Mahlzeiten können aber oftmals aufgrund von Berufstätigkeit nur außer Haus an kleinen Imbissbuden oder im Restaurant eingenommen werden. So bleibt der Feierabend, um mit der Familie um den Tisch versammelt zu sein.

Die Speisenfolge unterscheidet sich nicht von der eines Banketts. Es gibt Vorspeisen, die schon vor Eintreffen des Gastes auf dem Tisch zusammengestellt können. Sie sind vielleicht nicht so aufwändig dekoriert wie zu einem festlichen Mahl, bei Menge und Geschmacksvariation wird aber auch hier nicht gegeizt. Es können Suppen angeboten werden, natürlich wird zu allen Tellern Reis serviert sowie eine Vielzahl von kleinen Tellern mit den unterschiedlichen Zutaten, von denen sich Gastgeber und Gäste nach Belieben bedienen dürfen.

Man wird ausreichend Essen zubereitet haben, um dem Fremden Großzügigkeit zu demonstrieren und seine Erwartungen auf jeden Fall zu erfüllen. Als Zeichen chinesischer Gastfreundschaft werden Sie zu Beginn des Abends in ein sehr alltägliches gesellschaftliches Ritual miteinbezogen werden: dem Teetrinken. Tee begleitet alle Mahlzeiten, er ist elementarer Baustein einer Zeremonie, kennt diverse Aufbereitungsmöglichkeiten, dient als

Cocktail, als Medizin, begleitet Kontemplation und Meditation. Der großen Bedeutung, die dem Tee als Ausdrucksmittel von Philosophie und dem harmonischen Zusammenspiel der Elemente zukommt, haben wir in einem besonderen Kapitel Rechnung getragen (Brauchtümer des alltäglichen Lebens).

Geschenke

So wie das Anbieten von Tee zu den Gesten chinesischer Beziehungspflege zählt, darf von Ihnen als Gast erwartet werden, dass Sie Ihrerseits durch kleine Gesten das neue Bündnis festigen wollen. Nicht anders als bei Hausbesuchen hierzulande, freut sich der chinesische Gastgeber sehr über ein mitgebrachtes Geschenk. Vorausgesetzt, es wurde unter Beachtung der gängigen protokolarischen Regeln ausgesucht. Wie so oft in China, gebieten es Aberglaube, Zahlen- und Farbsymbolik auch bei der Auswahl eines Mitbringsels besonders sorgsam vorzugehen.

Grundsätzlich sollte mit einem Geschenk keine Effekthascherei betrieben werden. Im privaten Rahmen sind aufwändige, pompöse und übertriebene Aufmerksamkeiten fehlt am Platz. Unter dem Gesichtspunkt von Ausgewogenheit und Harmonie sollte ein Geschenk das Wesen des Schenkenden und des Beschenkten gleichermaßen reflektieren. Da sich das Geschenk an ein Individuum richtet, steht auf jeden Fall der freundschaftliche Aspekt im Vordergrund; auf geschäftlicher Ebene dürfte sich ein Präsent nur an die Gemeinschaft als Ganzes wenden, die Bevorzugung einer einzelnen Person gilt als Bestechung und wird offiziell strikt abgelehnt. Das Geschenk sollte den Beschenkten nicht überfordern; in China bedankt man sich nicht einfach mit einem Grußkärtchen und einem bloßen Ausspruch des Dankes.

Daher sollte dem Beschenkten die Möglichkeit offen stehen, auf gleicher Augenhöhe erwidern zu können, da sonst Gesichtsverlust droht. Bei der Überreichung von Geschenken (sowie dem Aussprechen von Einladungen) besagt die chinesische Etikette, dass der Beschenkte zwei bis drei Mal ablehnen muss, bevor er der Annahme tatsächlich zustimmt. Hier ist sensibles Vorgehen gefragt und höfliches Insistieren gegenüber dem zu Beschenkenden.

Von den folgenden Präsenten sollte man absehen, da sie in der chinesischen Kultur „Tod" assoziieren:

- Uhren
- Taschentücher
- Die Anzahl „vier" in einem Set von Geschenken (das gesprochene Wort „vier" und „Tod" ähneln sich in der chinesischen Übersetzung)
- Weiße Objekte (ebenso weißes Geschenkpapier)
- Weiße oder gelbe Schnittblumen

Darüber hinaus sind Präsente zu vermeiden, die als Beendigung einer Freundschaft oder Beziehung interpretiert werden können; dazu gehören scharfe Gegenstände wie Scheren oder Messer. Ein mit roter Tinte handschriftlich gefertigtes Papier gehört ebenfalls in diese Kategorie. Der klassische Präsentkorb mit einer Auswahl an feinem Gebäck und Obst (auch Lebensmitteln) wird hingegen immer seinen Abnehmer finden.

Um ganz auf Nummer sicher zu gehen und das so präzise ausgewählte Geschenk wieder im Hinblick auf Farbsymbolik oder Aberglauben richtig verpacken zu können, stehen sicher ein Service im Hotel oder ein Papierfachgeschäft zur Verfügung. Generell lässt sich sagen: Mit einem rot, gold oder pinkfarben verpacktem Geschenk machen Sie alles richtig, allzu aufwändige oder zusätzliche Verpackungsverzierungen sollten dabei jedoch unterbleiben.

Wer so viel Sorgfalt beim Einkauf eines Geschenkes walten lässt, erwartet sicher mit Ungeduld die freudige Reaktion des Beschenkten im Moment der Überreichung. Leider umsonst: Ihr Gastgeber wird sich in Ihrer Gegenwart höflich bedanken, das Geschenk wandert jedoch unausgepackt aus dem Blickfeld und wird erst in Abwesenheit des Gastes, vielleicht sogar am nächsten Tag, ausgepackt. Man entgeht so wiederum dem schon bekannten Phänomen des Gesichtsverlustes (und zwar auf beiden Seiten: nichts ist unangenehmer als sich für ein Geschenk zu bedanken, das dem Beschenkten nicht zusagt).

Grundsätzlich gilt auch bei **Geschenken zu offiziellen Geschäftstreffen**: Die Geschenke werden nicht in Gegenwart des

Schenkenden geöffnet. Als adäquates Mitbringsel zu einem geschäftlichen Anlass könnten die folgenden Objekte ausgewählt werden:

- ein sehr guter Cognac oder Likör
- ein hochwertiger Füller
- technische Spielereien in Form von kleinen Küchengeräten
- Briefmarken (das Sammeln ist sehr populär in China, allerdings sollten Sie sich vorher erkundigt haben, ob der Beschenkte dieser Leidenschaft nachgeht)
- ein wertvoller Zigarettenanzünder (vorausgesetzt, der Beschenkte ist Raucher ...)

Da mit einem Geschenk niemals eine einzige Person, sondern immer die Gruppe (das Team, die Firmenvertreter etc.) geehrt werden sollen, ist es ratsam, auf „neutrale" Geschenke zurückzugreifen; in diesen Rahmen passen ausgezeichnet kunstvolle Bildbände, die Ihre Heimatstadt repräsentieren oder die Firmengeschichte des Unternehmens, das Sie vertreten.

Harmonie/Höflichkeit

Dem schon angesprochenen Grundsatz der Gesichtswahrung unter allen Umständen sind diese Kommunikationshilfsmittel zuzuordnen. Gerade in Konfliktsituationen, einer Gesprächskonfrontation werden Harmonie und Höflichkeit als „Gelenkschmiere" ins Spiel gebracht. Dabei ist die Wahrung der Form höher einzustufen als der Inhalt. Das Ideal der Harmonie tabuisiert jede öffentliche Kritik und Auseinandersetzungen. Das Herausstellen von Schwächen – egal ob von Personen oder dem verhandelten Geschäftsgegenstand – gilt als rüde. Das Durchboxen eigener Standpunkte, die beliebten „Ich-Botschaften" nach westlicher Gangart finden in China keinen Anklang, da dort nicht das Individuum im Vordergrund steht, sondern die Firma als Ganzes oder eben die Gemeinschaft.

Die Höflichkeit gebietet es, seinem Gegenüber Hochachtung und Wertschätzung in einer harmonischen Schonungskommunikation entgegenzubringen. Dabei findet die indirekte Rede die häufigste Anwendung. Ein schroffes „Nein" wird man nicht hören, dafür aber eine Fülle dezenter Umschreibungen über den tatsächlichen Status quo einer Angelegenheit oder einer Meinung. Umso häufiger wird man Ihnen gegenüber „Ja" sagen, in den meisten Fällen ist dieses Ja ohne Inhalt und sagt absolut nichts aus über positive Ergebnisse. Wollen Sie detaillierte Auskünfte, stellen Sie die Fragen in der Form, dass sie mit „Ja" beantwortet werden können.

Kleiderordnung

Ein Thema, das man aus westlicher Sicht entspannt angehen kann; lassen Sie Zurückhaltung walten, forcieren Sie keinen Dress Code Krieg hinsichtlich Farbe, Schnitt und Qualität der gewählten Kleidung. Seit der Öffnung Chinas nach Westen hat sich das Bild des in blauer oder grauer Alltagsuniform auftretenden Chinesen den neuen Gegebenheiten angepasst; italienische Nobelmarken haben ihren Platz auf dem chinesischen Markt erobert; das heißt jedoch keinesfalls, dass anlässlich eines Geschäftstreffens die schrillsten Outfits getragen werden. Wie der Name schon sagt: mit einem Dress Code setzt man ein Signal für die Zugehörigkeit zu einer bestimmten sozialen Gruppe. Das bedeutet aus chinesischer Sicht: kein Herausstechen aus dem üblichen Rahmen.

Die Gruppe, der man angehört, ist die Klasse der Geschäftsleute, und als solcher ist man auch der gesamten Gesellschaft verpflichtet. Dass man dieser Verpflichtung in letzter Zeit mit helleren Farben und auch hochwertiger westlicher Konfektion Ausdruck verleiht, kommt dem klassischen Business Dress made in Europe nur entgegen.

Bei der Wahl der Oberbekleidung zeigt man natürlich Fingerspitzengefühl, wenn man Farbe und Farbsymbolik in der chinesischen Tradition zu interpretieren weiß. Ein reinweißer Hosenanzug mag im sonnigen Madrid die richtige Wahl sein, in China hat die Farbe weiß – wie schon geschildert – ihre eigene Bedeutung. Gepflegtes, gutes Aussehen gilt natürlich auch für weibliche chinesische Führungskräfte oder hochrangige Vertreterinnen politischer oder kultureller Institutionen. Neben den gesellschaftlichen Anforderungen sollte ein China-Besucher seine Kleidung auch den klimatischen Gegebenheiten anpassen; bei der enormen geographischen Ausbreitung dieses Landes kann zwischen einem Stopp-over im Nordosten und einem Meeting im Südwesten die ganze Palette vom Wollpullover bis hin zum leichten Leinenjackett zum Einsatz kommen.

Lachen und Lächeln

Wer kennt nicht den Satz „Hinter dem Lächeln den Dolch verbergen", der die in unserem Denken positiv verankerte Gemütsregung des Lächelns als hinterlistig, tückisch oder falsch interpretiert. Lächeln als Ausdruck von Heiterkeit oder taktischer Schachzug: der Besucher aus dem Westen wird sich wundern, welche Formen von Lachen und Lächeln es in China gibt, und welche Deutungsmöglichkeiten sich hinter dieser Emotion verbergen. Nicht immer bedeutet ein Angelächeltwerden, dass man soeben hinters Licht geführt wurde.

Der Chinese lächelt auch in Situationen, die ihm persönlich unangenehm sind, in Momenten des Gesichtsverlustes. Lächeln und Lachen als Schutzschild und defensives Abwehrmittel: Selbst eine von einem unwissenden Westler begangene Peinlichkeit wird in der Art des Fremdschämens mit einem Lächeln kaschiert. Kaum vorstellbar nach abendländischen Normen, dass Chinesen auch beim Anblick von Katastrophen (wie z. B. einem Unfall) oder in Notsituationen mit einen Lachen reagieren.

Lächeln – mit einem Kopfnicken kombiniert – gehört zu den häufig benutzten nonverbalen Äußerungen beim Zusammentreffen mit Ausländern. Es muss als Zeichen des Zuhörens verstanden werden, nicht als Zustimmung zu dem, was gerade besprochen wurde.

Darüber hinaus existiert das Lachen auch in seiner uns bekannten Form: als Ausdrucksmittel von Heiterkeit. Chinesen, das haben wir in diesem Kapitel schon erläutert, geben sich in geselliger Runde gerne fröhlich und steuern mit Humor und Witz eine Portion guter Laune bei, wann immer sich die Möglichkeit dazu bietet. Für diejenigen, die in der chinesischen Sprache nicht zuhause sind und sich mit dem Interpretieren von derben Witzen nicht auskennen, sind gut beraten, nicht an allen Stellen lauter zu lachen als der Scherz-Erzähler.

Weitere Umgangsformen

In Ergänzung zu den schon ausführlich behandelten Umgangsformen im täglichen und Geschäftsleben wollen wir an dieser Stelle noch einige weitere aufführen:

(1) Bei Körperberührungen ist absolute Zurückhaltung geboten; sich an eine Person drücken, sie heranziehen, ihr auf den Rücken oder die Schultern zu klopfen oder gar einen Arm um die Schultern zu legen, all das sollte tunlichst vermieden werden.

(2) Seien Sie hingegen nicht überrascht, wenn Sie irgendwo auf öffentlichen Plätzen in der Schlange stehen und gedrückt oder geschubst werden. Die vornehme Art des britischen Aufreihens wird in China nicht praktiziert, auch nicht im Hinblick auf die Höflichkeit, die man Fremden sonst entgegenbringen müsste.

(3) Ein weiteres Tabu ist der Zeigefinger: Wollen Sie auf eine Person zeigen, dann benutzen Sie die ganze Hand, nach oben geöffnet.

(4) Wollen Sie zu sich rufen, dann bleibt auch hier der Zeigefinger unbenutzt. Führen Sie mit allen Fingerspitzen nach unten eine leichte Wellenbewegung der ganzen Hand aus.

(5) Das Schnipsen mit den Fingern wird nicht toleriert.

(6) Das Zeigen der Schuhsohle in Gegenwart von Personen ist nicht gestattet.

(7) Flüstern gilt als rüder Bruch der Etikette.

(8) Treffen Sie einen chinesischen Bekannten auf einer Toilette, unterlassen Sie bitte einen Gruß; der Gruß würde an diesem Ort als unangenehm empfunden.

(9) Zum Beginn von Besprechungen werden gerne Zigaretten ausgetauscht; sollte Ihnen eine angeboten werden, so nehmen Sie diese als Zeichen der Verbundenheit zum Gastgeber entgegen. Sind Sie Nichtraucher, nehmen Sie die Zigarette trotzdem an und stecken Sie sie in die Brusttasche.

(10) Jemanden, der spricht, sollte man nicht unterbrechen.

Visitenkarten – nicht bloß ein Stück Papier

Eine weitere Zeremonie in der an Zeremonien nicht armen chinesischen Geschäftskultur ist der Austausch der Visitenkarten (name cards). Karten werden häufig und gern ausgetauscht, so dass man gut beraten ist, eine ausreichende Menge im Gepäck zu haben. Vergleichbar einem guten Schreibgerät oder dem Designer-Füllhalter in unseren Breiten achtet man in China sehr gerne auf eine hochwertige Aufmachung der Visitenkarten. Je aufwändiger die Verarbeitung, das Papier und der Druck, desto höher sind Rang und Funktion des Geschäftsmannes oder der Geschäftsfrau anzusetzen. Soll die Karte ihren Zweck erfüllen und den chinesischen Geschäftspartner über Ihre Funktion und Bedeutung im Unternehmen detailliert unterrichten, dann wird sie auf einer Seite englisch und auf der anderen Seite chinesisch bedruckt. Gibt es etwas Besonderes über Ihre Firma zu sagen (sehr groß, sehr alt oder andere prestigeträchtige Kriterien), dann sollte dies ebenfalls vermerkt werden. Möchten Sie Ihr Gegenüber restlos beeindrucken, dann lassen Sie Ihre Karten in goldener Tinte drucken. Die Farbe Gold symbolisiert nach chinesischer Auffassung Prestige und Reichtum. Achten Sie darauf, die Visitenkarte mit beiden Händen und mit der chinesischen Seite nach oben zu überreichen. Die Karte wird ebenfalls mit beiden Händen entgegengenommen. Beim Gegenzug sollten Sie sich etwas Zeit nehmen, die Karte Ihres Gegenübers sorgfältig zu studieren. Es sollte vermieden werden, die Karte daraufhin achtlos in einer Jackentasche oder gar Hosentasche verschwinden zu lassen. Zeigen Sie der anderen Seite, dass Sie alle Informationen zur Person wohl aufgenommen haben und stecken Sie die Karte in eine spezielle Visitenkartenschatulle oder platzieren Sie sie für die Dauer des Meetings am Tisch. Eine Visitenkarte übereilig wegzustecken, ohne sie gelesen zu haben, wird als Missachtung und protokollarischer Fauxpas gewertet.

Schweigen/Zuhören

Verbale Zurückhaltung gilt in China als Tugend und wird entsprechend häufig auf geschäftlichen Treffen und anderen Zusammenkünften als gute Tradition gepflegt. Die im Westen als unangenehm empfundenen Gesprächspausen, in denen alles schweigt, dienen dem Chinesen zur Konzentration und zum Nachdenken. Es wäre unhöflich, ein Gespräch nach westlicher Machart forsch und aktiv voranzutreiben. Man nimmt sich zurück und lässt dem Gast so genügend Raum für eigene Gedanken. In diese Kategorie der Respektbezeugung gegenüber dem Fremden fällt auch das Nichtunterbrechen eines sprechenden Gastes. Was bei uns in das Kapitel „schlechte Manieren" gehört, aber trotzdem gerne praktiziert wird, nämlich anderen Personen beim Sprechen ins Wort zu fallen, wird in China als rüde und nicht akzeptabel im Umgang miteinander abgelehnt.

7. Business-Spezial: Die Geschäftsabwicklung

7.1 Einführung

Nachdem Sie nun – nach eigener Einschätzung – eine Menge Zeit und Geduld in Beziehungsaufbau und -pflege investiert haben, sollte der richtige Moment für Ihr zentrales Anliegen, die Geschäftsabwicklung, gekommen sein ... sollte! Andere Länder, andere Vertragssitten: Bis der Deal perfekt ist, bedarf es nicht nur der peniblen Vorbereitung. Das gesamte Prozedere bis hin zum Geschäftsabschluss (und darüber hinaus!) ist ein komplexer, in Teilen schwer verständlicher Vorgang und stellt hohe Ansprüche an Fachwissen und interkulturelle Kompetenz des westlichen Managementpersonals. Die Formel „Zeit ist Geld" mag in Europa und Amerika geprägt worden sein, für geschäftliche Abwicklungen im Reich der Mitte hat sie wenig Bedeutung. An dieser Stelle ist wieder einmal der Augenblick gekommen, sich die Unterschiede westlichen und asiatischen Denkens und Handelns vor Augen zu führen und die Andersartigkeit nicht vom eigenen Standpunkt, sondern aus dem Blickwinkel des Gegenübers richtig zu interpretieren.

Nach westlichem Verständnis sind Geschäftsbeziehungen eine formale, sachorientierte Angelegenheit. Im Vordergrund stehen technisches Know-how, die Daten und Fakten des Projekts und die Kompetenz, das Projekt schnellstmöglich umzusetzen. In allen anderen Kulturen, so z. B. in Südamerika, in den arabischen Ländern und eben auch in Zentralasien ist Business persönlich, d. h. eine Geschäftsbeziehung ist vor allem eine persönliche Beziehung, die erst entwickelt werden muss. Einer ihrer fundamentalen Bestandteile ist das gemeinsame Essen. Ein anderer, wichtiger Aspekt – darauf kommen wir später noch sprechen – ist der Umgang mit dem Faktor **Zeit**.

Chinesen sind die geborenen Händler. Das darf nicht verwundern, denn während der abendländische Kulturkreis diesbezüglich noch in den Kinderschuhen steckte, erlebte das Reich der

Mitte in seiner Hochkultur eine wirtschaftliche Blütezeit nach der anderen. Man erfand Bedeutendes (Papier, Magnetkompass, Schießpulver), beherrschte die Meere und trieb regen Handel im Innern und nach außen. So wie man gesellschaftliche Verhaltensregeln und kulturelle Werte beim Gang durch die lange Geschichte verinnerlicht hat, so zählt auch das Handeln und Geschäfte machen in China zu den systemimmanenten Tugenden Ihres Partners in spe.

Mit Überheblichkeit westlicher Machart oder einem allzu selbstbewussten „Warum soll ich eine bisher erfolgreiche Taktik ausgerechnet hier ändern" werden Sie hier an Ihre Grenzen stoßen. Vielmehr sollten Sie Ihre Intelligenz und den gesunden Menschenverstand einsetzen, um das Mysterium „Business made in China" vernünftig zu analysieren.

Die Herausforderungen sind vielfältig: Da existieren zum einen natürliche Barrieren wie die fremde Sprache und Schrift, die für eine erste Unsicherheit in der neuen Umgebung sorgen können und auch durch perfektes Englisch nicht gänzlich ausgeräumt werden. Die Andersartigkeit der Kultur spiegelt sich natürlich im Arbeitsleben wieder.

• Welche Arbeitskultur haben Sie zu erwarten?
• Welchen Einfluss haben politische und vor allem rechtliche Aspekte auf eine bilaterale Geschäftsabwicklung?
• Werden Urheberrechte beachtet?
• Wie ausgereift ist die Infrastruktur?

Einige dieser Fragen lassen sich schon im Vorfeld einer Geschäftsreise durch das Einholen der technischen Daten und Fakten klären. Der weitaus größere Teil der Aufgabe erwartet Sie allerdings direkt vor Ort.

• Wer kann sich genau das Ausmaß der Bürokratie eines Landes vorstellen, wo diese schon zur Kunstform erhoben wurde?
• Wem ist das Erkennen und Akzeptieren von Rang- und Hierarchiestufen geläufig, das in China einen so großen Einfluss im täglichen Umgang hat?
• Wer kann den Einfluss des Staates oder der Zentralregierung auf scheinbar unbedeutende Entscheidungen ermessen?

- Welche Haltung hat der zukünftige Partner gegenüber dem Land, aus dem ich stamme oder gegenüber Fremden allgemein?

Viele Fragen, viele Risiken.

Aber je größer Ihre Bereitschaft, sich Fragen dieser Art zu stellen, desto größer ist Ihre Chance, das gewünschte Ziel zu erreichen. Mag der chinesische Stil einer Geschäftsverhandlung auch noch so schwer durchschaubar und verschieden von westlichem Business Behaviour sein: Wichtig ist, dass Sie eventuell auftretende Probleme dieser Art schon im Vorfeld erkennen und sich mit ihnen auseinandersetzen; um in China wirtschaftlich und auch persönlich zu reüssieren, reicht eine rein materiell-technische Befassung mit dem Thema nicht aus.

7.2 Schlüsselbegriffe

Teamplayer

Chinesen verhandeln normalerweise als ein Team, auch wenn dieses Team durch einen offiziellen Sprecher vertreten wird. Dieser lässt sich von weiteren Fachkräften assistieren, einer Art technical support wie Finanzberatern, Rechtsberatern oder Fach-Ingenieuren.

Auch wenn der China-Newcomer einen anderen Eindruck gewinnen könnte: Ihr chinesischer Partner wird auf das Allerbeste vorbereitet und sehr exakt über Stärken und Schwächen des Teams und des gesamten Geschäftsgegenstandes informiert sein. Als Meister der Geduld und der Methodik weiß er genau, was er will, wann er es will und wie er dies erreichen möchte. Er hat den entscheidenden Vorteil, über mehr Zeit als der westliche Besucher zu verfügen und wird erst dann einer geschäftlichen Transaktion zustimmen, wenn er überzeugt ist, dass der Deal unter keinen besseren Bedingungen für seine Seite zustande kommen wird.

Dieser Aspekt wird dadurch erschwert, dass nicht nur der Delegationssprecher, sondern alle einflussreichen Mitglieder des Teams dem Abschluss zustimmen müssen. Die Meinung, dass der westliche Geschäftspartner alle Konzessionen und Nachlässe akzeptiert hat, ist von allen zu teilen. Ein Umstand, der zu neuerlichen Verzögerungen in einem schon langwierigen Prozess führen kann.

Taktik

Was selbst für eingefleischte Business-Strategen nicht sofort erkennbar sein mag, das ist auf chinesischer Seite die Anwendung einer ganz eigenen, ausgefeilten Taktik, die einzig und allein dazu dient, den Geschäftspartner aus der Fassung zu bringen und seine Orientierungslosigkeit zum eigenen Vorteil auszunutzen. Der Einfallsreichtum in Sachen „kleine Showeinlagen" kennt keine Grenzen: Angefangen bei unstrukturierten Konferenzen oder unzureichender Geschäftsausstattung (wie zu kleinen Tischen, auf denen die Fülle deutscher Geschäftsunterlagen mitsamt dem Laptop keinen Platz finden) bis hin zu unerklärlichen Verspätungen gepaart mit plötzlich auftretenden anderweitigen „dringenden Verpflichtungen". Auf die gerade noch erwähnte freundschaftliche Geschäftsbeziehung und den gemeinsamen Erfolg können rasante Meinungsänderungen folgen, Anschuldigungen in Richtung eines Delegationsmitgliedes und scheinbar unangemessene Fragen inklusive dem vagen, oberflächlichen Beantworten von technischen Detailfragen.

Spätestens jetzt ist das ganze Können des Westlers gefragt, will er hier angesichts der Eigenart chinesischer Verhandlungstaktik nicht die Flucht antreten. Wohl wissend, dass er sich im Anfangsstadium eines langwierigen Prozesses befindet, helfen Geduld und die feste Überzeugung, diese Spielart kultureller Differenzen meistern zu können ...

Die Entwicklung dieser Verhaltensmuster liegt in der komplexen Vergangenheit verwurzelt, das chinesische Gedächtnis lässt die Sachverhalte nach anderen Kriterien als den uns bekannten interpretieren. Mag es in unseren Breiten beispielsweise als unmoralisch gewertet werden, jemanden, der wirtschaftlich schon am Boden liegt, noch ein letztes Mal zu treten, so findet dieses Verhalten unser asiatischen Geschäftspartnern eine viel größere Akzeptanz.

Gesichtsverlust

In einem Ausmaß, wie wir es uns nicht vorstellen können, gilt das Kriterium der Gesichtswahrung als allerhöchstes Gebot. Es betrifft den Einzelnen gegenüber seinen Vorgesetzten, gegenüber chinesischen Behörden und gegenüber den Kollegen. Eine Geschäftsanbahnung, die zum Vorteil des westlichen Partners auszugehen droht, führt zum Verlust der „Ehre" des Verhandlungsführers. Die ganz besondere Vorsicht, die Chinesen im Geschäftsprozess walten lassen mitsamt aller angesprochenen strategischen Finessen, ist das Resultat einer starken Furcht vor Gesichtsverlust.

Welche Taktiken genau eingesetzt werden, hängt von Art und Umfang des gewünschten Geschäftszieles ab; bei Verhandlungen mit staatseigenen Betrieben oder strategisch wichtigen Joint Ventures ist sicher mit höherem „Aufwand" zu rechnen als bei einem simplen Übereinkommen mit einem chinesischen Kleinunternehmer. Innerhalb des Zusammentreffens mit Behörden ist wiederum der Hierarchie-Level zu beachten: Brauchen Sie die Zustimmung der Pekinger Zentralbehörden oder reicht das Befassen mit Provinz- oder städtischen Regierungsvertretern? Je höher der Rang innerhalb des Systems, desto größer das Risiko hinsichtlich eines Gesichtsverlustes und desto größer natürlich auch die Schwierigkeit im Geflecht chinesischer Bürokratie ans Ziel zu gelangen.

Alles in allem, chinesische Verhandlungsabläufe und Taktiken sind das Instrument, um das europäische Team zu überraschen, zu frustrieren und zu demoralisieren; schnell nutzt man einen Moment der Ungeduld und der unbeabsichtigten Konzession für einen schnellen Geschäftsabschluss zum eigenen Vorteil. So Angst einflößend dies alles auf den Neuling wirken muss, so kann die Erkenntnis doch zum eigenen Vorteil gereichen. Diejenigen, die wirklich daran interessiert sind, sich den Anforderungen in dieser schwierigen Umgebung zu stellen, können beispielsweise auf die Dienste eines Beraters im China-Geschäft zurückgreifen. Diese Hilfe kann darin bestehen, Konferenzen sowie den gesamten Verhandlungsablauf im Hinblick auf mögliche Fehlerquellen abzuklopfen. Wichtig ist es, die Fäden aktiv in der Hand zu halten.

China ist einzigartig

Chinesen können sehr viel Stolz und Nationalgefühl entwickeln, wenn es um ihr Land geht. Schon zum Auftakt von Sondierungsgesprächen lässt man keine Gelegenheit aus, die Einzigartigkeit des Landes, seinen Reichtum an Geschichte und kulturellen Schätzen zu betonen. Man wird keine Kosten und Mühen scheuen, um Ihnen das „Best of" Chinas und seiner Sehenswürdigkeiten zu bieten. Die ausgeprägte Höflichkeit gebietet es dem Gastgeber, selbstverständlich ein paar lobende Worte in Bezug auf die ebenfalls ruhmreiche Geschichte und die Traditionen des Landes auszusprechen, aus dem der Besucher stammt. Das ist zunächst Balsam für die in Sachen Patriotismus eher schwach entwickelten Seelen deutscher Manager. Aber es geht nicht nur darum, ein Wohlfühl-Ambiente für die Business-Partner aufzubauen. Der permanente Hinweis auf die Anders- oder Einzigartigkeit Chinas – ganz gleich, ob in Wort oder Tat – dient der Weichenstellung für die zu erwartende Verhandlungsstrategie. Denn welche Taktik auch immer angewendet werden mag ... eine westliche Business-Technik wird es in keinem Fall sein. Sie gilt als nicht relevant, nicht anwendbar auf chinesische Bedürfnisse. Ein Argument, das natürlich schnell zu entkräften wäre, denn gerade traditionell geschulte Chinesen, die dem lebenslangen Lernen nach Konfuzius (s. Kapitel 3) geradezu verpflichtet sind, wäre es ein Leichtes, westliche Verhandlungsstile anzunehmen. Doch darum geht es nicht. Ein verunsicherter China-Neuling, fern der Heimat und dem geliebten Projektmanagement unter Gleichgesinnten, ist ein Opfer, das man mühelos entwaffnen und mangels Selbstbewusstsein schneller zum voreiligen Geschäftsabschluss treiben kann. Aber so weit muss es nicht kommen. Wer für einen Augenblick die deutschen Verhandlungsschwächen wie aggressive Direktheit, Ungeduld und schlechtes Zuhören ablegen kann, und sich dafür asiatischer Tugenden wie dem höflichen Schweigen und freundlicher Zustimmung bedient, der wird auch die weiteren Hürden nehmen können.

„Das sagt das Gesetz"

Das taktische Warm-up ist absolviert, Sie befinden sich bereits sich auf dem Mittelstück der Verhandlungsstrecke und laufen geradewegs auf eine neue Barriere zu: die chinesischen Rechtsvorschriften.

Zu Beginn einer jeden Verhandlung wird die chinesische Seite diejenigen Punkte besonders hervorheben, über die auf jeden Fall Einigkeit zu erzielen ist. Dies kann verschiedene Gründe haben: Einer wäre die große Bedeutung, die diese Angelegenheit in ihren Augen besitzt und deren Erfüllung sie auf jeden Fall vor ihren Vorgesetzten oder chinesischen Behörden rechtfertigen müssen. Eine andere Möglichkeit besteht vielleicht in einem technischen Problem, für das noch keine adäquate Lösung gefunden wurde. In beiden Fällen hilft der Verweis auf das „chinesische Gesetz", um einem drohenden Gesichtsverlust zu entgehen. Gleichzeitig spielt man den Ball auf die Seite des westlichen Verhandlungspartners, der sich genötigt sehen wird, die offen stehenden Fragen selbst zu beantworten, soll es nicht zu einem vorzeitigen Verhandlungsabbruch kommen.

Hier ist zu überlegen, ob diese materiellen Zugangsbedingungen zum Kern des Geschäftes akzeptabel sind. Eine einmal getätigte Zusage zu einer noch so geringfügigen Konzession ist auf dem geraden Weg nicht mehr rückgängig zu machen. Sie gilt für den chinesischen Partner als „in Stein gemeißelt". Behalten Sie Ihre übergeordnete Strategie und die eigenen Verhandlungsziele im Auge. Erwidern Sie die Liste der Konditionen mit einer eigenen Auflistung der *sine qua non's* und machen Sie mit der gebotenen Höflichkeit klar, dass es in diesen Punkten keine Kompromisse gibt.

„Good old friend"

Wie wichtig der Aufbau einer guten, harmonischen Beziehung zum chinesischen Geschäftspartner ist, haben wir in vorangehenden Kapiteln erläutert. Über ein gutes Maß an „Vitamin B" zu verfügen, ist für jeden Geschäftsmann, Funktionär oder Politiker sehr wichtig. (Das „Guanxi-Prinzip" sagt dabei nichts darüber aus, dass tatsächlich enge, menschliche Beziehungen zwischen den Partnern geknüpft werden. Das Wesen dieses Netzwerkes besteht in der Hauptsache darin, die gegenseitig aufgebauten Verpflichtungen und Dienste dann abzurufen, wenn der passende Augenblick gekommen ist.)

Als weiterem Element im Verhandlungsmarathon werden dem westlichen Besucher die häufigen Erwähnungen von „Freundschaft" oder der besonderen Betonung des „guten, alten Freundes" auffallen. Im Chinesischen bedeutet Freundschaft „Verpflichtung". Was also zunächst den Ohren schmeichelt, heißt nicht, dass man die entsprechende Person mag oder die Firma, die sie vertritt. Es bedeutet einfach, dass man die chinesischen Erwartungen erfüllt und ihr Vertrauen gewonnen hat. Die dahinter stehende Strategie erklärt sich von selbst, folgt man konsequent dem Schema chinesischen Denkens. Gelingt es, zu einem Mitglied der westlichen Delegation eine solide Beziehung in Respekt und Achtung aufzubauen, werden zwei Fliegen mit einer Klappe geschlagen: Im positiven Fall gelangt man über das gemeinsame Band der Freundschaft viel eher an wichtige Informationen. Im Konfliktfall, also zum Beispiel dem Nicht-Nachgeben bei erwarteten Konzessionen, kann die Freundschaft sehr schnell umschlagen und der „Liebling" der Delegation wird vor versammelter Mannschaft der Unverlässlichkeit, Faulheit oder Ehrlosigkeit bezichtigt. Als mögliche Reaktion könnte das Team dazu neigen, den Beschuldigten zu isolieren, an ihm oder seiner Integrität zu zweifeln. Würde dies eintreffen, dann hätte man auf chinesischer Seite das Klassenziel erreicht, nämlich die Spaltung der Gruppe und damit eine bessere Angriffsfläche für Verhandlungszwecke. Dabei ist dem asiatischen Strategen nicht daran gelegen, einen fremden Menschen wirklich zu beleidigen. Es ist nur ein weiterer Verhandlungstrick, um das westliche Team zu demoralisieren und vom gewünschten Ziel abzulenken.

Da sind starke Führungsqualitäten gefragt, sowohl innerhalb der Gruppe vor Ort als auch bei den Verantwortlichen, die daheim auf weißen Rauch warten und nicht nachvollziehen können, warum die Verhandlungen nicht zum Abschluss kommen. Die Fähigkeiten einzelner Delegationsmitglieder in Frage zu stellen oder gar „Strafe" anzudrohen, wäre fehl am Platz. Zeigen Sie

Einigkeit und stärken Sie sich gegenseitig den Rücken. Dem deutschen Verhandlungschef an dieser Stelle Vorwürfe zu machen, ihm gar die Verantwortung zu entziehen, ist nur dann angeraten, wenn es klare Beweise für ein Fehlverhalten im Sinne der Geschäftssache gibt. Auf die Kommentare oder Showeinlagen eines chinesischen Verhandlungsführers zu hören, spielt dem chinesischen Geschäftspartner direkt in die Hände und lässt die Taktikfalle ein weiteres Mal zuschnappen.

Der Entscheidungsfindungsprozess

Die chinesische Seite wird den internen Entscheidungsfindungsprozess und mögliche Uneinigkeiten über die Entscheidung im Verborgenen vorantreiben. Chinesen konnten in ihrer Geschichte die Erfahrung machen, dass eine geteilte Führung oft auch schwache Führung bedeutet. So werden sie alle Anstrengungen unternehmen, um mögliche Meinungsquertreiber in ihren Rängen intern auf Linie zu bringen. Als klares Zeichen für interne Verstimmungen sind Unentschlossenheit, häufige Positionswechsel, chaotische Verhandlungsstruktur oder untypisch unseriöses Business Behaviour zu interpretieren. Je unflexibler oder irrationaler die Haltung der chinesischen Seite, desto höher die Wahrscheinlichkeit starker interner Machtkämpfe mit direkter Wirkung auf das sonst so dezente Verhalten. Um noch einen weiteren Haken zu schlagen, können sogar nicht existierende Probleme erfunden werden, um die tatsächlich bestehenden nicht lösen zu müssen. Der verdutzte westliche Manager, der es gewohnt ist, Probleme Schritt für Schritt offen abzuarbeiten, wird sich auf einer weiteren Baustelle wieder finden.

Und wann werden nun wirklich Entscheidungen getroffen? Möglicherweise, wenn Sie nicht dabei sind. In China zieht man sich für die internen, informellen Beratungen gern bis weit nach Mitternacht zurück, wenn der erschöpfte Gast schon längst im Hotel schläft. Unter ihresgleichen lassen sich – fernab der Öffentlichkeit – die schwierigen Verhandlungspunkte viel besser ohne drohenden Gesichtsverlust diskutieren. Ein geeigneter Moment, um über die Zuhilfenahme eines Vermittlers nachzudenken. Jemand, der hinreichend Ansehen und Fachkompetenz nach chinesischem Urteil besitzt; jemand, der vielleicht schon als Vermittler gearbeitet hat und deutsch-chinesische Businesserfahrung besitzt. Ein Brückenbauer, der geschickt genug ist, wichtige Verhandlungspunkte anzusprechen, ohne dabei parteilich zu wirken. Ein charismatischer Vertreter beider Kulturen, der gleichzeitig von der chinesischen Seite akzeptiert und dem westlichen Besucher effektive Stütze sein kann.

Time is money?

Nein, Zeit ist relativ und in China ganz besonders. Vergeuden Sie Ihre wertvolle Energie nicht mit wiederholten entsetzten Blicken auf die Armbanduhr, sondern üben Sie frühzeitig den sinnvollen Einsatz von geistigen und körperlichen Kräften. Das fremde Essen, die neuen Eindrücke, Erschöpfungszustände nach Marathonsitzungen, Verhandlungschaos, Unterbrechungen, und weit und breit kein Anzeichen der Eile auf chinesischer Seite oder einem nahenden Konferenzende. Als Verhandlungsprofi hat man dergleichen sicher schon erlebt und gut aushalten können, den sicheren Vertragsabschluss vor Augen. Aber hier, ohne sichtbare Fortschritte im Geschäftsablauf erwirkt zu haben, mit der Uhr im Nacken und einer guten Portion Frustration auf den Schultern, könnte man dazu neigen, dem Druck nachzugeben.

Bleiben Sie achtsam und zeigen Sie keine Schwäche. Ist die chinesische Seite davon überzeugt, dass der Partner seine Grenze erreicht hat, dann werden Sie sich wundern, wie schnell so ein Vertrag unterschrieben werden kann. Plötzlich gerät Bewegung in die Runde, man hat es eilig und alles ist sehr dringend. Ein sicheres Zeichen auch, dass der westliche Partner möglicherweise seine Position zu früh zu erkennen gab und ihm somit kein Raum bleibt, um mitzuspielen, wenn man auf chinesischer Seite die letzten Trümpfe aus dem Ärmel holt. Ungeduld in China ist der pure Luxus. Sie beschleunigen damit höchstens den großen Appetit der Chinesen auf einen guten Deal, während der eigene in einem Netz von unvorteilhaften Zugeständnissen gefangen bleibt.

Gehen Sie geschickt vor, zerlegen Sie einen großen Schritt in viele kleine. Umso leichter fällt es dann, der chinesischen Seite zu vermitteln, dass der „kritische Punkt" der Verhandlung bereits erreicht wurde, obwohl Ihnen noch eine Menge Verhandlungsspielraum bleibt. Jemanden bis an das Verhandlungslimit geführt zu haben, erfüllt die chinesische Seite mit großer Genugtuung. Tragen Sie Ihren Teil dazu bei, damit dies so bleibt. Lassen Sie Ihren Partner in gutem Glauben, aber tragen Sie nicht zu dick auf, was das Zaubern aus der eigenen Trickkiste betrifft.

7.3 Verhandlungen

Geschäftsverhandlungen folgen „hüben wie drüben" bestimmten Mustern. Zu diesem Muster gehören die verschiedenen Verhandlungsphasen ebenso wie das Anwenden von Taktiken und Verhaltencodes in den jeweiligen kulturellen Zusammenhängen. Eine „typische" Verhandlung auf chinesischem Boden kennt keine „deadlines". Die Uhr läuft ohnehin für sie angesichts des Drucks, dem westliche Businessteams durch ihre prall gefüllten Terminkalender bei einem Besuch im Reich der Mitte ausgesetzt sind. Westliches Gedankengut folgt in den meisten Bereichen linearer Logik, während das chinesische Denken durchaus die paradoxe Balance von Gegensätzlichem kennt. Wo westliches Management gern klare Alternativen sucht (Vorschlag B anstelle von Vorschlag A), da kombinieren östliche Taktiker gern beide Optionen A und B. Dies führt häufig dazu, dass ein chinesischer Verhandlungsführer einen unlogischen, leicht verwirrten Eindruck auf sein Gegenüber macht. Ein Trugschluss!

Eröffnungsphase

In der Eröffnungsphase definiert die chinesische Seite ihre Position und die Beziehung zum Geschäftspartner, die nach chinesischem Kultur- und Stilempfinden ausgerichtet wird.

Man stellt einen Bedingungskatalog auf, der als Grundlage der Verhandlung dient und von Beginn an für wichtige Konzessionen auf Seiten des Verhandlungspartners führen soll. Die Bedingungen werden durch das chinesische Gesetz gefordert und können daher unter keinen Umständen verändert werden.

Ziel dieser Taktik ist es, die Verhandlungserfahrung des Geschäftspartners als irrelevant und nicht anwendbar einzustufen. Man will von Beginn an die Oberhand gewinnen und bereits mit einem hohen Vorsprung an Zugeständnissen in den Verhandlungsverlauf starten.

> **Vorschlag:** Lassen Sie sich nicht einschüchtern. Bleiben Sie ruhig und provozieren Sie keine Aufregungen. Vermitteln Sie Ihrerseits die Kernpunkte, die für ein Weiterverhandeln aus Ihrer Sicht unbedingt dazu gehören und erläutern Sie klar und deutlich, aber immer höflich die Sachverhalte, die zu Unstimmigkeiten führen könnten.

Verhandlungsphase

Auf die Eröffnungsphase folgt die eigentliche Verhandlungsphase. Sie ist zugleich die langwierigste und schwierigste Phase; sie kann Monate oder Jahre dauern, je nach Größe des Joint Ventures oder eben der Nervenstärke des westlichen Teams.

Ziel: In ihrem Verlauf testet der chinesische Verhandlungsführer die Stärke, die Homogenität und die Geduld seines Gegenübers. Es werden verschiedene Taktiken eingesetzt, um das Team zu schwächen, sei es durch persönliche Beleidigungen oder konfuse Verhandlungsführung. Missverständnisse sind an der Tagesordnung, und sei es auch nur, dass sie absichtlich generiert werden, um das Durcheinander auf der anderen Verhandlungsseite zu steigern. Während der Verhandlungsphase zeigt sich die chinesische Seite wenig kompromissbereit, man wartet lieber auf erste Zugeständnisse durch den Partner. Man formuliert sehr gerne einseitige, auch offensive Forderungen wie etwa bei Preisnachlässen oder Verkaufszusagen über Stückzahlen, Technologietransfers etc.

In dieser Phase ist das europäische Business-Team besonders verwundbar. Schwierigkeiten an allen Fronten, Verzögerungen, eine fremde Umgebung: Hier sind kompetente heimische Manager gefragt, die ihrem Team vor Ort jede Unterstützung zukommen lassen. Nicht jeder Boss hat Verständnis für einen leitenden Angestellten, der zu später Stunde vom Hotelzimmer aus, erschöpft und frustriert, eine Beichte über schleppende Verhandlungen ablegen muss.

Jedes Zeichen von Wut, Ärgernis und Ungeduld sollte zurückgehalten werden, solange der chinesische Geschäftspartner zugegen ist: Seine Formel lautet: Ungeduld = Schwäche = Zeit zum Vertragsabschluss nach chinesischen Bedingungen.

Um wirklich materielle Verbesserungen beim Verhandeln eines Joint Ventures erzielen zu können, ist es ratsam, den gesamten Geschäftsprozess in kleine Teile aufzuteilen; statt eines einzigen langen Aufenthaltes sind mehrere Kurztrips zu empfehlen. Zum einen bleibt der westlichen Seite jeweils Raum für Regeneration und weiteres Vorbereiten anhand der gewonnenen Erkenntnisse, zum zweiten bleibt der chinesischen Seite nicht ausreichend Zeit, um alle zeitraubenden Taktiken ins Spiel zu bringen. Der Druck, zu einem Abschluss zu kommen, lastet somit nicht nur auf einer Partei; spielen Sie den Ball auf die andere Seite, zeigen Sie Interesse, ohne sich in die Karten schauen zu lassen. Ein höflicher Hinweis, dass China ein großer Markt mit ebensolchen Chancen für wirtschaftlichen Erfolg ist, kann – im richtigen Augenblick eingebracht – für den nötigen Antrieb sorgen. Sobald die chinesische Seite ihre Fakten auf den Tisch legt, können Sie sicher sein, dass Sie auf das Verhandlungsende zusteuern. Diese letzte Phase verläuft um einiges schneller und einfacher als die Strecke davor. Wie nach Tagen mit wolkenverhangenem Himmel blitzt mit einem Mal die Sonne durch und die chinesische Seite bietet sensible Vorschläge in Richtung Vertragsabschluss an. Das eben noch unlösbare Problem scheint sich in Wohlgefallen aufzulösen, Verbesserungen werden schnell und praktikabel angestrebt. Jetzt zählt nur noch die Unterschrift, alle Missverständnisse scheinen ausgeräumt, selbst rechtlichen Details wird kaum Beachtung geschenkt.

Verhandlungsende

Das Verhandlungsende ist für die chinesische Seite genau dann erreicht, wenn es aus ihrer Sicht an den getroffenen Übereinkünften zu diesem Zeitpunkt nichts zu verbessern gibt. Das gilt sowohl für die Einstimmigkeit der Entscheidung innerhalb des chinesischen Teams als auch für die Überzeugung, den westlichen Partner an seine Verhandlungslimits geführt zu haben. Wohlgemerkt: es wurde nur eines von vielen wichtigen Dokumenten unterzeichnet ... in China ist ein Vertrag niemals wirklich bindend. Sobald die Tinte getrocknet ist, kann bereits der Ruf nach Nachbesserungen laut werden. Die neuerlichen Veränderungen können dazu in krassem Gegensatz zu den ursprünglich vereinbarten Inhalten stehen.

Die Frage, welche Vertragsbestandteile wann wie und wo implementiert werden, kann möglicherweise die Dauer eines gesamten Geschäftes über mehrere Jahre hinweg bestimmen. Aus chinesischer Sicht besitzt ein schriftlich fixierter Vertrag nicht diese Endgültigkeit, wie wir sie kennen. Kaufmännisches Rechtsdenken ist tief in unserem Vertragsgut verankert. In China hingegen existierte dieses Recht kaum, da es als Zeichen für Misstrauen gedeutet wurde. Das rasche Unterschreiben eines rechtlich bindenden Vertrages wurde als unangemessen gedeutet, da es nach chinesischem Denken keine wirkliche Verpflichtung beinhaltete.

Die Vertragsklauseln stehen auf Papier geschrieben und können eine persönliche Beziehung kaum ersetzen. Sie sind lediglich ein Signal, dass man sich nahe genug gekommen ist, um tatsächlich langfristig miteinander Geschäfte zu betreiben. Ein Vertrag dient als Instrument zwischen den Vertragsparteien, das flexibel gehandhabt wird und sich den Anforderungen einer Geschäftsbeziehung bequem angleichen lässt.

Der Vertrag enthält lediglich die Grundregeln, die die neue Geschäftsbeziehung auf lange Sicht steuern werden. Daher sollte ein Vertragswerk so viele Details wie möglich über eben diese Beziehung beinhalten und damit wesentlich zu einer dauerhaften, funktionierenden Verbindung auf geschäftlicher Ebene beitragen. Der permanente Hinweis auf vertraglich Vereinbartes, wie wir es von westlichem Managementgebaren kennen sowie unflexibles, unkooperatives Verhalten hilft in China nicht weiter. Der bessere Weg zum Geschäftserfolg heißt ein weiteres Mal „Geduld üben" und „Verständnis zeigen". Dann kann es durchaus passieren, dass sich chinesische Dankbarkeit tatsächlich in bare Münze umwandeln lässt.

7.4 Tipps zu erfolgreicher Verhandlungsführung

(1) Für westliche Strategen ist der chinesische Verhandlungsstil keineswegs leicht nachzuvollziehen; auf der anderen Seite lassen sich viele Elemente des Business Behaviour auch im Reich der Mitte analysieren und bestimmte Reaktionen berechnen. Seien Sie selbstbewusst, lassen Sie sich nicht einschüchtern. Bereiten Sie sich selbst und das Team bestens vor. Zeigen Sie, dass Sie hinter ihrem Team stehen und verdeutlichen dies durch sichtbare Gesten.

(2) Bleiben Sie geduldig, hartnäckig und flexibel (flexibel der Form, standhaft bei Substantiellem). Seien Sie vorbereitet auf mögliche Versuche der chinesischen Seite, einen Keil zwischen einzelne Teammitglieder zu treiben. Nehmen Sie sich alle Pausen, die Sie brauchen. Handeln Sie nicht unüberlegt oder wütend.

(3) Behalten Sie Ihre eigenen Schritte im Laufe einer Geschäftsverhandlung im Auge: Vom Augenblick des ersten Treffens und bis hin zur Vertragsunterzeichnung und darüber hinaus: Vergessen Sie nicht, dass Sie auch außerhalb des Konferenzsaales unter Beobachtung stehen. Dies gilt für das offizielle Bankett ebenso wie für das abendliche Entertainment in der Karaoke-Bar.

(4) Teilen Sie jedem Mitglied Ihres Teams eine wichtige Rolle zu. Chinesen reagieren stark auf eindrucksvolle Titel und Funktionen. Sie gehen davon aus, dass sie mit hochrangigen Vertretern verhandeln werden, die zudem auf die volle Unterstützung der heimischen Geschäftsführung vertrauen können. Sobald man chinesischer Seite das Gefühl hat, mit dem B-Team verhandeln zu müssen, werden Sie von dort keine konkreten Entschlüsse mehr zu erwarten haben. Man einigt sich nur mit Gleichrangigen hinsichtlich Status und Ansehen.

(5) Lassen Sie die chinesische Seite glauben, dass Sie sich langsam aber sicher auf Ihr Verhandlungslimit zubewegen. Wenn nötig, darf zur restlosen Überzeugung Ihres Gegenübers auch einmal eine minimale Showeinlage für den nötigen Anschub sorgen.

(6) Spielen Sie sich nicht auf, geben Sie nicht den Wichtigtuer und Alleswisser. Chinesen sind bei aller geschäftlichen Finesse sehr höfliche Menschen, die gerne lachen und Spaß haben. Bleiben Sie aufgeschlossen und freundlich, ohne sich dabei in die Karten schauen zu lassen. Das Vertrauen muss auf beiden Seiten erkennbar sein.

(7) Einige grundlegende Fakten zur chinesischen Geschichte sollte man sich vor Reiseantritt aneignen. Vor allem die Zeit zwischen den Opiumkriegen und der Kulturrevolution ist essentiell, wenn es darum geht, chinesisches Business Behaviour verstehen zu wollen. Lernen Sie begreifen, welche äußeren und inneren Faktoren der chinesischen Seite Sicherheit verleihen; einen guten Deal zu machen bedeutet nach chinesischem Verständnis vor allem auch, der Gesellschaft und dem eigenen Land Vorteile verschafft zu haben.

(8) Studieren Sie sorgfältig Ihre Verhandlungspartner. Sind sie der westlichen Seite zugetan? Favorisieren sie gar den westlichen Verhandlungsstil? Wer spricht Englisch? Denken Sie bei Gesprächen unter Kollegen daran, dass man Sie verstehen könnte.

(9) Vielleicht gibt es jemanden auf chinesischer Seite, der Ihrem Team gegenüber offen eingestellt ist: die ideale Person, über die Sie möglicherweise etwas über den Entscheidungsprozess oder mögliche Schwachstellen innerhalb des chinesischen Teams erfahren können.

(10) Ist das asiatische Terrain noch Neuland für Sie, dann greifen Sie besser auf die Unterstützung durch einen Berater zurück. Die Herausforderung des Erlernens einer neuen Sprache, die Komplexität chinesischen Geschäftsgebarens und starker Nationalstolz: Als Fremder in einer anderen Kultur sind das viele Fronten, an denen Sie eine gute Figur abgeben müssen. Finden Sie einen Verbündeten, der das China-Geschäft kennt. Ein Muttersprachler wird sehr viel schneller Körpersprache für Sie analysieren können oder herausfinden, wer im chinesischen Team wirklich das Sagen hat. So ergibt sich fast schon automatisch die perfekte Arbeitsteilung: der versierte Vermittler aus dem Reich der Mitte, der für Sie Kontakte mit der Arbeitsebene auslotet und Sie selbst als der hochrangige westliche Vertreter. Sollte bei der Verpflichtung eines Beraters die Zahlung von „Beratungsgeldern" zur Sprache kommen, hilft meist ein sachlicher Verweis auf die ethischen Richtlinien des eigenen Unternehmens und dem Verbot, ohne Autorisierung der Zentrale keine Zahlungen gleich welcher Art leisten zu dürfen.

(11) Kümmern Sie sich rechtzeitig um einen gut ausgebildeten Dolmetscher, den Sie mit ins Boot nehmen können. Im Idealfall beherrscht er/sie das interkulturelle Übersetzen, d. h. er nuanciert das gesprochene und geschriebene Wort im Sinne der kulturellen Andersartigkeit. In diesem Zusammenhang ist das eigene Auftreten ebenfalls wichtig. Sprechen Sie in kurzen Sätzen, formulieren Sie präzise und eingängig. Nehmen Sie sich Zeit für Pausen und Nachfragen. Klären Sie Missverständnisse sofort.

Vergewissern Sie sich, ob alles Gesprochene sowohl gehört als auch richtig verstanden wurde. Das höfliche Kopfnicken oder Ja eines Chinesen bedeutet lediglich, dass Sie gehört wurden, nicht jedoch, dass das Gesagte inhaltlich Zustimmung gefunden hat. Denken Sie daran, dass Ihre Präsentation auf unterschiedliche Hierarchiestufen innerhalb des Partnerunternehmens abgestimmt ist.

Auch bei Vorliegen einer Delegationsliste ist es typisch chinesisch, dass sich einige Personen mehr zur Konferenz versammeln als angekündigt. Sparen Sie daher nicht beim Anfertigen von genügend Kopien Ihrer Präsentationsunterlagen. Bereiten Sie eine zweisprachige (englisch/chinesisch) Zusammenfassung Ihrer Präsentation vor und verteilen diese vor Sitzungsbeginn.

(12) Es versteht sich von selbst, dass Sie jedes Detail hinsichtlich des Produkts und des eigenen Unternehmens auf dem „Eff Eff" beherrschen. Ebenso groß sollte der Kenntnisstand über den chinesischen Vertragspartner, das Team, Manager und Geschäftsführer sein. Darüber hinaus empfiehlt es sich, aktuelle Informationen über soziale, wirtschaftliche und politische Aspekte einzuholen. Schauen Sie hinter die Fassaden.

(13) Respektieren Sie das Thema „Hackordnung". Maos Ausführungen zur „Disziplin" aus dem Jahr 1966 geben bis auf den heutigen Tag wertvolle Einsichten in die Strukturen, wie sie noch immer in vielen chinesischen Unternehmen vorzufinden sind:

„Das Individuum ordnet sich der Organisation unter. Die Minderheit ordnet sich der Mehrheit unter. Niederrangige ordnen sich Höherrangigen unter."

Hier finden Sie den Hinweis, warum chinesische Unternehmen und die chinesische Gesellschaft stark hierarchisch strukturiert sind, warum Chinesen eher gruppenorientiert sind und sich häufiger scheuen, Verantwortung zu übernehmen oder eine eigene Meinung kundzutun als Personen aus individualistisch geprägten Kulturen. Der Einfluss von Regierungsrichtlinien auf die Entscheidungen ist daher nicht zu unterschätzen. Ausgefeilte Statistiken, die im westlichen Business gern zur Untermauerung der Argumentationslinie vorgelegt werden, finden in chinesischen Kreisen nur dann Akzeptanz, wenn weder die Regierungsdoktrin noch persönliche Gefühle Ihres Gegenübers dadurch verletzt werden.

(14) Pünktlichkeit gehört zu den Tugenden der chinesischen Geschäftskultur. Sollten Sie doch einmal zu spät unterwegs sein, informieren Sie Ihren Gastgeber und lassen Sie ihm die Möglichkeit, den Tagesablauf neu zu arrangieren oder das Treffen gänzlich zu verlegen. Unternehmen und öffentliche Verwaltung arbeiten zwischen 8.00 und 17.00 Uhr, in den Großstädten von Montags bis Freitags, in den ländlichen Regionen auch Montags bis Samstags.

Sollten Sie Behördengänge planen oder Regierungskontakte wahrnehmen, dann ist der Vormittag der bessere Zeitraum. Der Nachmittag gehört bei der öffentlichen Verwaltung meistens den „politischen Studien". In der Mittagszeit zwischen 12.00 und 14.00 Uhr ruht das Leben, man gönnt sich eine ausgiebige Pause fürs Essen und den kleinen Mittagsschlaf. Achten Sie bei der Terminkoordination auf klassische chinesische Feiertage wie das „Neujahr" oder den Nationalfeiertag. Hier schließen die Geschäfte meist für eine Woche.

7.5 Firmenstrukturen und Management

„When a Chinese individual is honored, his whole family is honored. When he is condemned, his whole family is condemned."

Familiengeschäfte – Geschäftsfamilien?

Die Lebensform der Familie hatte und hat immer noch einen praktischen Sinn in Chinas überwiegend von der Landwirtschaft lebenden Bevölkerung. Konfuzius fügte dieser Dimension eine moralische Komponente hinzu und erweiterte den Familienbegriff um die in gegenseitiger Wechselwirkung stehenden soziale Beziehungen. Jedem Familienmitglied kommt als Verbindungsteil in diesem Gefüge eine besondere Rolle zu.

Die Familie ist die Basis chinesischer Organisationen, einschließlich geschäftlicher Unternehmen. Im Westen kennt man den Ausdruck des Familienunternehmens. Auf chinesischer Seite tendiert man eher zum Begriff der Geschäftsfamilien: abgesehen davon, dass man durch das Geschäft den Reichtum der Familie sichern kann, genießen die geschäftlichen Verpflichtungen höhere Priorität als die Verantwortung gegenüber der Familie.

Dies gilt gerade auch für Chinesen, die nicht im Mutterland leben. Mit dem gesellschaftlichen Wandel der Neuzeit kehrt auch nach und nach das familiengeführte Unternehmen als Privatunternehmen ins chinesische Wirtschaftsleben zurück, nachdem dies unter dem kommunistischen Regime zunächst ausgeschlossen war.

Ein typisch familiengeführtes Unternehmen weist besondere Charakteristika auf, die im Folgenden detailliert dargestellt werden.

Familiengeführter Betrieb

Die typische chinesische Geschäftsfamilie wird von einem männlichen oder weiblichen Familienoberhaupt geführt, welches auch oftmals der Firmengründer ist. Alle anderen Familienmitglieder halten Schlüsselpositionen im Betrieb inne. Der erweiterte Kreis der Familie mag eigene Gesellschaften besitzen, die jedoch alle untereinander in Form eines riesigen Netzwerkes miteinander verlinkt sind. Holdinggesellschaften sind an der Tagesordnung, treten aber als solche nicht immer in Erscheinung, dies bleibt Privatsache. Selbst wenn das Unternehmen als ein Betrieb öffentlichen Rechts dargestellt ist, so untersteht es doch häufig der Kontrolle durch eine Familie. Die Familienmitglieder sind durchaus mit praktischen Geschäftsaufgaben betraut, Entscheidungen werden hingegen im privaten, informellen Rahmen, z. B. anlässlich eines Familienessens, getroffen.

Nicht immer gibt das offizielle Organigramm eines Betriebes zuverlässig Auskunft darüber, wer wirklich „das Sagen" hat; nicht immer ist ein wohlklingender, Eindruck erweckender Titel das, wofür er steht. Geschäftsentscheidungen richten sich überwiegend nach den Beweggründen der Familie; das kann auch so weit führen, dass ein scheinbar finanziell attraktiver Deal abgelehnt wird.

Das dominante Familienoberhaupt

Chinesische Geschäftsfamilien werden normalerweise durch ein dominantes Familienoberhaupt geführt, das das letzte Wort bei allen wichtigen Entscheidungen hält. Diese Person mag Berater haben, entweder gute Freunde oder Menschen aus dem Familienkreis. Die unsichtbaren Verbindungen sind wichtiger als das, was über die personelle Geschäftsstruktur nach außen dringt. Oftmals kann ein Manager einer unteren Rangstufe problemlos zur Führungsspitze aufsteigen, ohne vorher die gesamte Laufbahn absolviert zu haben ... es geschieht so, weil das Oberhaupt es für richtig hält.

Dauerhafte Stellung und familiäre Verpflichtungen

Die Spitzen chinesischer Familienbetriebe werden normalerweise von eigenen Familienmitgliedern abgelöst, so wandert die Geschäftstradition von einer Generation zur nächsten. Sogar im Fall, dass unter den Familienmitgliedern niemand besondere Qualifikationen zur Leitung eines Unternehmens vorweisen kann, wird so verfahren. Man schenkt den Angehörigen des eigenen Clans größeres Vertrauen als einem extern eingestellten Topmanager. Das Vermögen eines chinesischen Geschäftsmannes wird unter seinen Söhnen aufgeteilt, die dieses Geld möglicherweise in einem anderen Industrie- oder Geschäftszweig reinvestieren. Das hat den Effekt, dass das Familienunternehmen zum eigenen Vorteil einen höheren Grad an Diversifikation aufweisen kann.

Buchführung und Finanzen

Aus Gründen des Steuernachweises wird eine offizielle Buchführung vorgelegt; wie es tatsächlich um die Finanzen des Familienbetriebs bestellt ist, bleibt Angelegenheit des Familienoberhaupts.

Zuerst die Familie, dann das Business – ein Modell im Wandel?

Natürlich unterliegen die klassischen Modelle eines Familienbetriebes in China auch den Veränderungen, die durch die Globalisierung der Märkte hervorgerufen werden. Man bemüht sich um Kompatibilität mit den Geschäftspraktiken, wie sie in anderen Teilen der Welt gängig sind. Ein Beispiel ist die Beurteilung von Managern nicht nur nach ihrer persönlichen Reputation, sondern auch nach dem Fachwissen, das sie dem Unternehmen zur Verfügung stellen können. Das Aufrechterhalten des Familienerbes durch simple Weitergabe des Betriebs an die nächste Generation wird nach und nach neu überdacht: Junge Leute, die womöglich westliche Erziehung und Ausbildung genießen konnten, brechen mit den Traditionen des Familiennetzwerkes; sie favorisieren die Restrukturierung eines konservativen Unternehmens nach modernen Standards. Es ist aber auch weiterhin auszuschließen, dass der gesellschaftliche Wandel trotz aller Bewegung das Kriterium der engen Familienbindung in absehbarer Zeit durch ein anderes ersetzen wird.

7.6 Westliche und chinesische Managementpraktiken im Vergleich

Die Werte und Ordnungsprinzipien beider Kulturen finden ihre Fortsetzung bis hin in die Unternehmensstrukturen und sind bei der sorgfältigen Vorbereitung einer Geschäftsanbahnung ebenfalls in Betracht zu ziehen.

Wir haben daher im Folgenden die verschiedenen Schlüsselkonzepte – jeweils exemplarisch für ein Großunternehmen westlicher und zentralasiatischer Natur – aus den verschiedenen Bereichen gegenübergestellt:

Kriterium	Westen	China
Ziel des Unternehmens	Orientiert an Gewinn- und Marktanteilen; Aktienwert	Familieninteressen dienen; Wachstumsorientiert
Finanzielle Transparenz	Öffentliche Darlegung von Bilanzen; Rechnungsprüfung; Gewinnbekanntgabe	Informationen bleiben in der Familie
Finanzierungsquellen	Verkauf von Sicherheiten	Familie oder Freunde der Familie
Geschäftsübergabe	Fusionen und Übernahme	Betrieb wird nicht verkauft, gehört der Familie
Werbung	Handelsmarke wird durch professionelle Werbung bekannt gemacht	Keine Werbung, Bekanntmachung läuft über das Familiennetzwerk
Management	Professionelles Personal, das nach Qualifikation rekrutiert wird	Senior Manager werden aus der Familie heraus bestimmt
Zeitfenster	Kurzfristiger Profit für Aktionärsanteile wird betont; enge Deadlines für Entscheidungsfindung	Langfristig; Familienansehen wird betont; großzügiges Zeitmanagement
Unternehmensführung	Definition von Strategien und Visionen	Man wartet auf eine „gute Gelegenheit"
Unternehmensstruktur	Kleinteilig bis ins Detail	Geringe Strukturierung

Kriterium	Westen	China
Besitzverhältnisse	Weit gefächerte Absicherung	Über Familie geregelt
Geschäftsgegenstand	Konzentration auf ein Produkt	Hohe Diversifikation
Investitionen	Auf Grundlage von Forschung und Wissenschaft	Auf Grundlage des Beziehungsgeflechts
Dienstleistung	Wird hoch geschätzt	Gehört nicht zum Angebot
Seniormanagement	Hält sich aus dem Tagesgeschäft heraus	Seniorriege hat auf alles ein Auge
Aufstiegsmöglichkeiten	Sind definiert	Nur vage formuliert
Gehaltsnebenleistungen	Geringer Anteil an Gesamtbezahlung	Bezahlung ist paternalistisch geregelt
Mitarbeiterschulung	Formal und strukturiert	Informell
Förderung der Mitarbeiter	Auf Grundlage ihrer Produktivität	Auf Grundlage von Loyalität
Arbeitsplatzprofile	Präzise formuliert	Vage formuliert
Motivation	Es gilt die Aufforderung, Eigeninitiative zu zeigen	Es wird das getan, was die Führung aufträgt

7.7 Die Formen des Networking

Und noch einmal: Da Beziehungen so wichtig sind im chinesischen Business, sollte ein Unternehmen, das dort Verhandlungen anstrebt, das Thema „Guanxi" zum Teil seiner Strategie machen, nichts dem Zufall überlassen, sondern als Ausgangspunkt seines Auftritts.

Im Folgenden ein kurzer Überblick über die unterschiedlichen Formen des Networking:

Attribut	Westen	China
Motivation	Wirtschaftliche Interessen	Wirtschaftliche und soziale Interessen
Formales Vorgehen	Streng formal und definierte Rollen	Nicht formal; flexible Rollen
Das Individuum – das Unternehmen	Getrennt voneinander	Gegenseitige Wechselwirkung
Die Unternehmen im Netzwerk	Unabhängig	Gegenseitige Abhängigkeit
Regelwerk	Verträge	Persönliches Vertrauen

8. Anhang

8.1 Facts & Figures

Wir möchten Ihnen das Lesevergnügen auf den letzten Seiten unseres Praxisleitfadens keinesfalls durch anstrengendes Zahlen- und Faktenmaterial verderben! Dennoch sind wir der Auffassung, dass ein paar grundlegende Daten zu China durchaus Appetit auf „mehr" machen können und Ihrer persönlichen Recherche in Medien und Datenbanken als Anreiz dienen sollen.

China – auf einen Blick

Ländername: Volksrepublik China (Zhonghua Renmin Gongheguo)

Hauptstadt: Peking (Beijing), im Großraum 13,82 Mio. Einwohner

Bevölkerung: 1,3 Mrd. Menschen (offizielle Angaben 2005), davon 92 % Han-Chinesen
Im Vergleich die Bundesrepublik: 82,5 Mio.
Größe des Landes: knapp 9 600 000 qkm (inkl. Taiwan, Hongkong und Macao)
Im Vergleich die Bundesrepublik: 357 030 qkm

Nationalfeiertag: 1. Oktober (Gründung der Volksrepublik am 1.1.1949)

Regierungsform: Sozialistische Volksrepublik

Regierungschef: Ministerpräsident des Staatsrats Wen Jiabao (seit 2003, Amtszeit 5 Jahre), zugleich Mitglied des Ständigen Ausschusses des Politbüros des Zentralkomitees der KPCh

Staatsoberhaupt: Präsident Hu Jintao (seit 2003; Amtszeit 5 Jahre), zugleich Generalsekretär und Mitglied des Ständigen Ausschusses des Generalsekretär und Mitglied des Ständigen Ausschusses des Politbüros der Kommunistischen Partei Chinas (KPCh)

Parlament: Nationaler Volkskongress (NVK): 1 Kammer, 2 989 Abgeordnete, zuletzt 2003 von den Volkskongressen der Provinzen für 5 Jahre gewählt, Vorsitzender: Wu Bangguo (PBM), NVK wählt u. a. den Staatspräsidenten, den Vizepräsidenten und den Ministerpräsidenten

Regierungspartei: Kommunistische Partei der Volksrepublik China (KPCh): Zentralkomitee (198 Mitglieder) mit Politbüro (24 Mitglieder) und dessen Ständigem Ausschuss (9 Mitglieder). Acht weitere (in der Praxis bedeutungslose) Parteien sind zusammen mit Vertretern der Massenorganisationen und der Minderheiten in der „Politischen Konsultativkonferenz des Chinesischen Volkes" als so genannte „Einheitsfront" unter Führung der KPCh zusammengeschlossen

Verwaltung: Zentralregierung in Peking, 22 Provinzen, 5 Autonome Regionen sowie vier regierungsunmittelbare Städte (Peking, Tianjin, Shanghai, Chongqing), zwei Sonderverwaltungs-Regionen (Hongkong, Macau)

Mitgliedschaft: Vereinte Nationen, Weltbank, Internationaler Währungsfonds IWF, Welthandelsorganisation WTO

Medien: Fernsehen: Zentrales Chinesisches Fernsehen (CCTV); Radio: Zentraler Volksrundfunk; Presse: China Daily (englischsprachig); u. a. Volks-, Wirtschafts-, Rechts-, Arbeiter-, Jugendzeitung Guangming Ribao

Bruttoinlandsprodukt: 2 230,0 Mrd. US-Dollar (ohne Hongkong) im Jahr 2005
BIP pro Kopf ca. 1 500 US-Dollar im Jahr (2004)
Im Vergleich die Bundesrepublik: BIP pro Kopf ca. 30 690 US-Dollar!

Quelle: Länderinformationen Auswärtiges Amt

8.2 Zeittafel: die Geschichte Chinas im Überblick

Zeitraum	Wer	Was
Die Dynastien des chinesischen Altertums		
Ca. 2000–1600 v. Chr.	Xia-Dynastie	
Ca. 1570–1066 v. Chr.	Shang-Dynastie (auch Yin genannt)	Erste Funde von Schriftzeugnissen; Bronze wurde verarbeitet; bürokratische Strukturen
1045–221 v. Chr.	Zhou-Dynastie (westliche und östliche Zhou)	„Zeit der Streitenden Reiche"; Blütezeit der chinesischen Philosophie: 100 Schulen
Die Kaiserreiche		
221–207 v. Chr.	Qin-Dynastie, Kaiser Zheng „Erster Gottkaiser der Qin"	Reichseinigung; effektive Verwaltung; restriktive Gesetzgebung
206 v. Chr.–220 n. Chr.	Han-Dynastie (westliche und östliche Dynastie);	Militärische und wirtschaftliche Blütezeit; Seidenstraße, Handel mit Rom; Buddhismus gelangt nach China; Staatsphilosophie: Konfuzianismus; Erfindung des Papiers! Bis heute sind Han-Chinesen dominierende Volksgruppe in China
220–280	Zeit der Drei Reiche	Regionale Kriegsfürsten in drei Territorien
265–420	Jin-Dynastie (westliche und östliche Dynastie)	Bewaffnete Auseinandersetzungen; Einfall der Nomadenstämme aus dem Norden Um 300 n. Chr.: Erfindung von Porzellan und Magnetkompass!
420–581	Die Nördlichen und Südlichen Dynastien	Entlang des Gelben Flusses: fremde nördl. Dynastie; entlang des Yangtse: nationalchin. südl. Dynastie; Blütezeit des Buddhismus
581–618	Sui-Dynastie	Vereinigung des Landes nach 300 Jahren Teilung; Bau des Kaiserkanals

Zeitraum	Wer	Was
Die Kaiserreiche (Forts.)		
618–907	Tang-Dynastie	Blütezeit des Handels mit dem Westen; Christentum erreicht China; Beziehungen nach Japan und Korea; Um 750 n. Chr.: Erfindung des Buchdrucks!
907–960	Die Fünf Dynastien und Zehn Königreiche	Zeit von Putsch und militärischen Auseinandersetzungen
960–1279	Song-Dynastie	Wiedervereinigung des Reiches; Papiergeld; Seehandel; Blütezeit Kultur; Eisengießereien; Stahlindustrie! Reisanbau! Export von Seide und Porzellan; Wirtschaftszentren entstehen; Süden Kornkammer des Reiches; durch Wirtschaftswachstum wächst die Bevölkerungszahl auf 100 Millionen Menschen Um 1000 n. Chr.: Erfindung des Schwarzpulvers
1261–1368	Yuan-Dynastie	Die Mongolen fallen ins Land; Kublai Khan errichtet Yuan-Dynastie; wirtschaftliche Blüte; Marco Polo in China
1368–1644	Ming-Dynastie	Bauernrevolte der „Roten Turbane"; autokratische Zentralregierung; China wird zur größten Seenation unter Admiral Zheng He; expansive Außenpolitik; große Mauer wird vollendet, um Mongolen zurückzuhalten; Handelsposten der Portugiesen in Macao; Ming-Vasen!
1644–1911	Qing-Dynastie	Blüte in Kultur, Landwirtschaft und Handel: Bevölkerung wächst auf 300 Millionen Menschen; China ist wichtigste politische und ökonomische Macht Asiens; stellt 50 % der Weltproduktion; maximale Ausdehnung des Reiches; Blüte des sinozentrischen Weltbildes; Erster und zweiter Opiumkrieg gegen England; Hongkong geht 1842 an Großbritannien; Zusammenbruch der Ökonomie; Massenarmut;
1895		Niederlage gegen Japan

1900		Boxeraufstand
1.1.1912	Sun Yat-Sen	Ausruf der Republik China; Chinesischer Bürgerkrieg
1917		1. Weltkrieg; China erklärt Deutschland den Krieg; 1914 hatte Japan deutsche Kolonie an Chinas Küste eingenommen
1931		Japan erobert Mandschurei; 1937: zweiter sino-japanischer Krieg; endet 1945 zusammen mit 2. Weltkrieg
1.10.1949	Mao Zedong	Ende des chinesischen Bürgerkriegs mit Sieg der Kommunisten über die Kuomintang (chinesische Nationalpartei); Ausruf der Volksrepublik China
1958		„Der Große Sprung nach Vorn": geplantes Wirtschaftsprogramm zur Verbesserung der Landwirtschafts- und Industrieproduktion scheitert
1966		Kulturrevolution
25.10.1971		Aufnahme der Volksrepublik in die UNO
1976	Tod Mao Zedongs	Übernahme der Regierung durch Deng Xiaoping; Verbesserung der Beziehungen zum Westen; sozialistische Marktwirtschaft; Demokratisierungsbewegungen; Schlacht auf dem Platz des Himmlischen Friedens
1997	Tod Deng Xiaopings	Die „vierte Generation" übernimmt das Ruder: Ministerpräsident Wen Jiabao kündigt Trendwende an; Vermeidung sozialer Spannungen und Beachtung ökologischer Aspekte beim Mengenwachstum der Volkswirtschaft; 1.7.1997: Hongkong wird chinesische Sonderverwaltungszone; 1.12.1999: Macao 2. Sonderverwaltungszone

Literaturhinweise

Bauer, W.: Geschichte der chinesischen Philosophie, München 2001

Bauer, W.: China und die Hoffnung auf Glück, München 1989

Baumer, Th.: Handbuch Interkulturelle Kompetenz, Zürich

Bertrand, R.: Philosophie des Abendlandes, Oktober 2005

Blickle, P.: Handbuch der Geschichte Europas, Stuttgart 2000

Cheng, A.: Histoire de la pensée chinoise

Dahl, S.: Intercultural Skills for Business, London 2000

Eberhard, W.: Lexikon chinesischer Symbole, München 1994

Ferber, R.: Philosophische Grundbegriffe, München 2003

Gernet, J.: Die chinesische Welt, Frankfurt am Main 1988

Granet, M.: Das chinesische Denken, München 1963

Gunde, R.: Culture and Customs of China, Westport 2002

Helferich, Ch.: Geschichte der Philosophie. Von den Anfängen bis zur Gegenwart und östliches Denken, Stuttgart 2001

Hirn, W.: Herausforderung China, Bundeszentrale für politische Bildung, Bonn 2006

Hoffmann, H., Schoper Y., Fitzsimons C.: Internationales Projektmanagement, München 2004

Hofstede, G.: Lokales Denken, globales Handeln, München 2006

Hu Hsiang-Fan: Das Geheimnis des Tees, 2002

Karlgren, B.: Schrift und Sprache der Chinesen, 2001

Klimkeit, H.-J.: Die Seidenstraße. Kulturbrücke zwischen Morgen- und Abendland, Köln 1988

Linck, G.: Yin und Yang, 2006

Lüsebrink, H.-J.: Interkulturelle Kommunikation. Interaktion, Fremdwahrnehmung, Kulturtransfer, Stuttgart 2005

Mäding, K.: China. Kaiserreich und Moderne, Berlin 2002 und 2003

Seitz, K.: China – Eine Weltmacht kehrt zurück, Februar 2006

Spence, J.: Chinas Weg in die Moderne, Frankfurt am Main 1995

Tan, A.: Das Tuschezeichen, September 2003

Ulfig, A.: Lexikon der philosophischen Begriffe, Köln 2003

Unschuld, P.: Chinesische Medizin, München 2003

van Ess, H.: Der Konfuzianismus, 2003

Volpi, F.: Großes Werklexikon der Philosophie, Stuttgart 2004

Weggel, O.: Die Asiaten, Frankfurt am Main 1997
Yong, L.: Höflichkeit im Chinesischen: Geschichte, Konzepte, Handlungsmuster, München 1998
Zheng, Ch.: Die Mythen des alten China, 1990

Nützliche Internetlinks

www.auswaertiges-amt.de   www.cia.gov
www.chinaseite.de   www.chinadaily.com
www.bfai.de   www.germancentre.org.cn
www.china-ahk.de   www.china-botschaft.de
www.info-gov.hk   www.bmz.de

Stichwortverzeichnis

Buchanzeigen

Hofmann/Linneweh/Streich

Erfolgsfaktor Persönlichkeit

Managementerfolg durch Leistungsfähigkeit und Motivation.
Positiver Umgang mit Anforderungen im beruflichen und privaten Umfeld, Selbstreflexion, Möglichkeiten zur Bewältigung von als stresshaft erlebten Situationen – hier finden Führungskräfte einen fundierten Überblick über Ansatzmöglichkeiten zur Erreichung einer befriedigenden Work-Life-Balance.

1. Aufl. 2006. 387 S.   €
€ 14,50. dtv 50904

Cassens

Work-Life-Balance

Wie Sie Ihr Berufs- und Privatleben in Einklang bringen. Möglichkeiten für ein System zur erfolgreichen Bewältigung Ihrer individuellen Aufgaben und zur Vermeidung von Zivilisationskrankheiten.

1. Aufl. 2003. 214 S.   €
€ 9,50. dtv 50872

Knieß

Kreativitätstechniken

Methoden und Übungen. Kreativität ist der Schlüssel zum Erfolg. Neben einem Überblick über Methoden und Einsatz gibt es in einem umfangreichen Praxisteil Beispiele und Übungsaufgaben, die konkret helfen, das kreative Verhalten zu fördern.

1. Aufl. 2006. 268 S.
€ 9,50. dtv 50906

Fuchs-Brüninghoff/Gröner

Zusammenarbeit erfolgreich gestalten

Eine Anleitung mit Praxisbeispielen.

1. Aufl. 1999. 203 S.   €
€ 9,15. dtv 50834

Hugo-Becker/Becker

Motivation

Neue Wege zum Erfolg.

1. Aufl. 1997. 419 S.   €
€ 10,17. dtv 5896

Haug

Erfolgreich im Team

Praxisnahe Anregungen für effiziente Team- und Projektarbeit.
Mit Diagnose von Erfolgsfaktoren und konkreten Hilfestellungen.

3. Aufl. 2003. 187 S.   €
€ 9,–. dtv 5842

Bender

Teamentwicklung

Der effektive Weg zum »Wir«. Systematische Führung durch die Phasen der Teamentwicklung mit Anleitung für effiziente Teamleitung.

1. Aufl. 2002. 284 S.   €
€ 12,50. dtv 50858

Zeichenerklärung: § Rechtsberater € Wirtschaftsberater

Beruf und Karriere

Femppel/Zander
**Praxis der
Personalführung**

Was Sie tun und lassen
sollten. Das Was und Wie
der Personalführung,
99 Tipps, Fallbeispiele,
Führungsgrundsätze.

2. Aufl. 2008. Rd. 150 S. €
Ca. € 10,–. dtv 50841
In Vorbereitung für
Frühjahr 2008

Hugo-Becker/Becker
**Psychologisches
Konfliktmanagement**

Menschenkenntnis –
Konfliktfähigkeit –
Kooperation.

4. Aufl. 2004. 418 S. €
€ 13,–. dtv 5829

Drzyzga
**Personalgespräche
richtig führen**

Ein Kommunikationsleitfaden.
Der rasche Überblick über
die fachlichen und psycho-
logischen Faktoren des
Gesprächs mit Mitarbeitern.

1. Aufl. 2000. 148 S. €
€ 8,64. dtv 50840

Stender-Monhemius
Schlüsselqualifikationen

Zielplanung, Zeitmanage-
ment, Kommunikation,
Kreativität.

1. Aufl. 2006. 163 S. €
€ 9,50. dtv 50910

Mentzel
Personalentwicklung

Erfolgreich motivieren,
fördern und weiterbilden.
Bedarfsfeststellung, Planung
und Durchführung der För-
der- und Bildungsmaßnah-
men, Kosten- und Erfolgs-
kontrolle.

2. Aufl. 2005. 318 S. €
€ 10,– dtv 50854

Toptitel

Weisbach
**Professionelle
Gesprächsführung**

Ein praxisnahes Lese- und
Übungsbuch.
Wie das Gespräch als Mittel
der Führung zweckmäßig,
zielorientiert und rationell
genutzt werden kann.

6. Aufl. 2003. 494 S. €
€ 12,–. dtv 5845

Weisbach/Sonne-Neubacher
**Leadership in Profes-
sional Conversation**

Translation of »Professionelle Gesprächsführung«

1. Aufl. 2005. 420 S. €
€ 14,–. dtv 50879

Weisbach
**Wie Sie andere für sich
gewinnen**

Die Kunst der Gesprächs-
führung.
Wie man die Beziehung zum
Gesprächspartner so gestal-
tet, dass beide gewinnen.

1. Aufl. 2007. 164 S. €
€ 9,50. dtv 50916
Neu im November 2007

Haberzettl/Schinwald
Change Management

Wie Sie Mitarbeiter an
Veränderungen beteiligen.

1. Aufl. Rd. 200 S. €
Ca. € 12,50. dtv 50905
In Vorbereitung

Neuhäuser-Metternich
**Kommunikation
im Berufsalltag**

Verstehen und verstanden
werden.

1. Aufl. 1994. 300 S. €
€ 8,64. dtv 5869

Diekmann/Fang

China Knigge

Business und interkulturelle Kommunikation.
Ein Überblick über die Bandbreite chinesischer Verhaltenstraditionen im Alltags- und Geschäftsleben.

1. Aufl. 2007. 201 S. €
€ 14,–. dtv 50915
Neu im Dezember 2007

Bühring-Uhle/Eidenmüller/ Nelle

Verhandlungsmanagement

Intuition - Strategie - Effektivität.
Agieren Sie zielgerichtet und erfolgreich.

1. Aufl. 2008. Rd. 250 S.
Ca. € 13,50. dtv 50640
In Vorbereitung für
Anfang 2008

Mentzel

Rhetorik

Sicher und erfolgreich sprechen.
Bausteinsystem für die Vorbereitung und Durchführung eines Vortrags. Zahlreiche Übungen, um die vorgestellten Regeln und Empfehlungen im Einzel- oder Gruppentraining zu vertiefen.

1. Aufl. 2000. 228 S. €
€ 8,44. dtv 50845

Weisbach

Gekonnt kontern

Wie Sie verbale Angriffe souverän entschärfen.
Gewußt wie: Gekonnt kontern ist weniger eine Frage der Spontaneität als vielmehr der Ausdruck guter Vorbereitung. Die wichtigsten Tipps finden Sie hier.

1. Aufl. 2004. 197 S. €
€ 9,–. dtv 50885

Jeske

Erfolgreich verhandeln

Grundlagen der Verhandlungsführung.

1. Aufl. 1998. 238 S. €
€ 8,64. dtv 50824

Nückles/Gurlitt/Pabst/Renkl

Mind Maps und Concept Maps

Visualisieren, Organisieren, Kommunizieren.
Mit Lern- und Arbeitstechniken das individuelle und kooperative Wissensmanagement auf einfache wie effektive Weise unterstützen.

1. Aufl. 2004. 162 S. €
€ 9,50. dtv 50877

Mentzel

Kommunikation

Grundlagen der Kommunikation: Mit anderen sprechen – Gespräch, Verhandlung, Moderation, Smalltalk.
Vor anderen sprechen – Sachvortrag, Präsentation, Gelegenheitsrede.
Visualisierung – Der Körper spricht immer mit.

1. Aufl. 2007. 301 S.
€ 10,–. dtv 50869

Breger/Grob

Präsentieren und Visualisieren

... mit und ohne Multimedia.

1. Aufl. 2003. 265 S. €
€ 11,–. dtv 50855

Haberzettl/Birkhahn

Moderation und Training

Ein praxisorientiertes Handbuch.

Das Buch zeigt eine Auswahl hocheffektiver Methoden des NLP und anderer Verfahren so, dass sie unmittelbar anwendbar und sofort umsetzbar sind.

1. Aufl. 2004. 288 S. €
€ 12,50. dtv 50866

Klotzki

Wie halte ich eine gute Rede?

In 7 Schritten zum Publikumserfolg.

1. Aufl. 2004. 116 S. €
€ 8,–. dtv 50873

Baumert

Professionell texten

Grundlagen, Tipps und Techniken.

2. Aufl. 2008. Rd. 220 S. €
Ca. € 10,–. dtv 50868
In Vorbereitung für
Frühjahr 2008

Briese-Neumann

Erfolgreiche Geschäftskorrespondenz

Perfektion in Form und Stil. Dieser Ratgeber liefert das Handwerkszeug für professionelle Korrespondenz und für das Texten generell.

2. Aufl. 2001. 303 S. €
€ 10,–. dtv 5878

Briese-Neumann

Optimale Sekretariatsarbeit

Büroorganisation und Arbeitserfolg. Ein Leitfaden für Chefs und Sekretariatsmitarbeiter. Mit Checklisten, Tipps und Beispielen.

1. Aufl. 1998. 308 S. €
€ 10,17. dtv 50804

Barth

Telefonieren mit Erfolg

Die Kunst des richtigen Telefonmarketing.
Dieser Berater führt in die Grundlagen der Kommunikation ein. Bewährte Methoden und Tricks werden ebenso vorgestellt wie kluge Fragetechniken.

2. Aufl. 2005. 137 S. €
€ 7,50. dtv 50846

Schäfer

Business English

Wirtschaftswörterbuch
Englisch – Deutsch / Deutsch – Englisch.
Mit rd. 36000 Stichwörtern alle wichtigen grundlegenden Begriffe der englischen und deutschen Wirtschaftssprache.

1. Aufl. 2006. 859 S. €
€ 19,50. dtv 50893

Kunz

Vom Mitarbeiter zur Führungskraft

Die erste Führungsaufgabe erfolgreich übernehmen. Hinweise, Tipps und praktische Hilfen zeigen, wie man sich auf die neue Rolle als Teamleiter vorbereiten kann – im Zeitraum von der Entscheidung bis zur ersten Ausübung der neuen Führungsaufgabe und den „ersten 100 Tagen" im neuen Job.

1. Aufl. 2007. 330 S. €
€ 12,50. dtv 50913

Assig

Frauen in Führungspositionen

Die besten Erfolgskonzepte aus der Praxis.

»Warum Frauen in der Wirtschaft zunehmend gefragt sind – nein, besser: wären? Dorothea Assigs Buch führt eine ganze Reihe von Argumenten auf – nicht aus der Hüfte geschossen, sondern wissenschaftlich fundiert.«
Süddeutsche Zeitung

1. Aufl. 2001. 252 S. €
€ 10,–. dtv 50849

Arbeitsrecht

Arbeitsgesetze
Bundeselterngeld- und
ElternzeitG
GleichbehandlungsG
WissenschaftszeitvertragsG
KündigungsschutzG
und andere Gesetze

71. Auflage
2007

Beck-Texte im dtv

Toptitel

ArbG · Arbeitsgesetze

mit den wichtigsten
Bestimmungen zum
Arbeitsverhältnis, Kün-
digungsR, ArbeitsschutzR,
BerufsbildungsR, TarifR,
BetriebsverfassungsR,
GleichbehandlungsR und
VerfahrensR.
Mit dem neuen WissZeit-
VG.
Stand: 1.7.2007.

Textausgabe.
71. Aufl. 2007. 847 S.
€ 7,–. dtv 5006
Neu im Oktober 2007

EU-ArbR · EU-Arbeitsrecht

Richtlinien und Verordnun-
gen der Europäischen Union
dominieren in zunehmen-
dem Maße das nationale
Arbeitsrecht. Dieser Band
enthält alle einschlägigen
Vorschriften mit Querver-
weisen auf die Textausgabe
»ArbG«, dtv 5006 (siehe
oben).

Textausgabe.
3. Aufl. 2008. Rd. 480 S.
Ca. € 16,–. dtv 5751
In Vorbereitung für
Anfang 2008

Arbeitsrecht von A–Z
Rund 650 Stichwörter zum aktuellen Recht
mit den Arbeitsmarktreformen
Von Günter Schaub
17. Auflage

Beck-Rechtsberater im dtv

Toptitel

Schaub
Arbeitsrecht von A–Z

Rund 650 Stichwörter zum
aktuellen Recht mit den
Arbeitsmarktreformen.
Aussperrung, Befristung von
Arbeitsverträgen, Betriebsrat,
Gewerkschaften, Jugend-
arbeitsschutz, Kündigung,
Mitbestimmung, Elternzeit,
Ruhegeld, Streik, Tarifvertrag,
Teilzeitarbeit, Zeugnis u.a.m.

17. Aufl. 2004. 1097 S.   §
€ 14,50. dtv 5041

Wolfgang Hromadka
Arbeitsrecht
für **Vorgesetzte**
Rechte und Pflichten bei der
Mitarbeiterführung

Beck-Rechtsberater im dtv

Hromadka
Arbeitsrecht für Vorgesetzte

Rechte und Pflichten bei der
Mitarbeiterführung.
Der umfassende Leitfaden
für den Arbeitsalltag.

1. Aufl. 2007. 421 S.   §
€ 15,–. dtv 50648

Notter/Obenaus/Ruf
Arbeitsrecht in Frage und Antwort

Fragen und Antworten rund
um das Arbeitsverhältnis.

1. Aufl. 2004. 348 S.   §
€ 10,–. dtv 50629

Schaub/Rühle
Guter Rat im Arbeits-recht

Für Arbeitgeber und Arbeitnehmer.
Eine praxisnahe Übersicht
über das gesamte Arbeits-
recht mit zahlreichen Mustern und Beispielsfällen.

3. Aufl. 2003. 889 S.   §
€ 14,–. dtv 5600

Arbeitsrechtliche Gleichbehandlung
Das Antidiskriminierungsrecht
im Arbeitsalltag
Von Nicola Gragert

Beck-Rechtsberater im dtv

Gragert
Arbeitsrechtliche Gleichbehandlung

Das Antidiskriminierungs-
recht im Arbeitsalltag.

1. Aufl. 2007. 155 S.   §
€ 9,–. dtv 50655